U.G.E. 10|18
12, avenue d'Italie — Paris XIIIe

Du même auteur
dans la collection 10/18

Appellation contrôlée, n° 2476

LE PROFESSEUR

PAR

DICK FRANCIS

Traduit de l'anglais
par Jean-Pierre Pugi

10|18

« Grands Détectives »
dirigé par Jean-Claude Zylberstein

BELFOND

Si vous désirez être régulièrement tenu au courant
de nos publications, écrivez-nous :
Éditions 10/18
12, avenue d'Italie
75627 Paris Cedex 13

Titre original :
Twice Shy

ISBN 2-264-00102-X

Dédié avec tout mon amour
et mes remerciements
à mon fils FÉLIX.
Un bon tireur qui enseigne la physique.

Première partie

JONATHAN

1

J'ordonnai à mes élèves de se tenir tranquilles, le temps d'aller chercher ma carabine.

D'habitude, c'était efficace. Je savais que, durant les cinq minutes nécessaires pour gagner le vestiaire et revenir dans la classe, ces trente jeunes excités feraient preuve d'une certaine modération, tant ils avaient attendu ce cours avec impatience. La plupart d'entre eux trouvaient fastidieuse l'étude de la physique en général, mais ce qui se passait quand une arme tirait une balle... c'était autrement *intéressant*.

Dans la salle des professeurs, Jenkins me fit perdre quelques instants. Hargneux, la moustache agressive, il me déclara que j'aurais pu faire un exposé très clair sur l'inertie à l'aide d'une craie et d'un tableau noir. Se servir d'une arme véritable relevait d'un goût déplacé pour les effets spectaculaires.

— Vous avez certainement raison, lui répondis-je d'un ton affable.

Je contournai mon interlocuteur, qui me gratifia du regard hautain dont il était coutumier. J'avais pour principe de lui donner toujours raison ; cela l'exaspérait.

— Excusez-moi. La troisième A m'attend.

Cependant, si mes élèves m'attendaient, ce n'était pas comme je l'espérais en frémissant d'impatience contenue. Je trouvai leur hilarité suspecte.

A peine étais-je entré dans la classe que je dus leur imposer silence.

— Calmez-vous immédiatement, si vous ne voulez pas avoir tout le cours à copier...

La plus épouvantable des menaces resta sans effet. Les rires continuèrent à fuser. Les regards se portaient de mon arme au tableau noir, que le battant de la porte me dissimulait encore. Je décelai de l'impatience et de l'amusement sur chaque visage.

— Bon ! Voyons ce que vous avez écr...

Je restai figé sur place.

Ils n'avaient rien écrit.

Paul Arcady, le plus brillant de mes élèves, était planté devant le tableau noir, droit comme un I. Il avait une excellente raison de se tenir ainsi : une pomme était posée en équilibre sur son crâne.

Les gloussements se changèrent en rires et je ne parvins pas à garder mon sérieux.

— Pouvez-vous l'atteindre d'un coup de carabine, monsieur ?

La voix de certains élèves dominait la clameur générale.

— Guillaume Tell en serait capable !

— Est-ce qu'il faut appeler une ambulance, monsieur ?

— La balle mettra combien de temps pour traverser le crâne de Paul ?

— Très drôle.

J'avais parlé d'un ton sévère, mais c'était effectivement très drôle et ils le savaient. Cependant, un sourire de ma part m'aurait fait aussitôt perdre toute autorité.

— Très spirituel, Paul. Maintenant, allez vous asseoir.

Il était content de lui. Il venait de réussir son effet. Il ôta la pomme de son crâne et regagna tranquillement sa place, sous les plaisanteries enthousiastes et les sifflements d'admiration. J'allai le remplacer devant le tableau noir.

— Bien. A la fin de cette leçon, vous saurez tous combien de temps est nécessaire à une balle se déplaçant à une vitesse donnée pour parcourir une distance donnée...

L'arme que je leur présentais était une simple carabine à air comprimé, mais j'expliquai comment fonctionnait un fusil et pourquoi la balle était rapidement expulsée du canon. Je leur permis de toucher le métal poli : la plupart d'entre eux voyaient pour la première fois une arme de près. Je leur appris en quoi les cartouches différaient des plombs que j'avais apportés ; de quelle façon s'effectuait le chargement ; comment les rayures intérieures du canon imprimaient un mouvement de rotation au projectile. Puis je leur parlai du phénomène de frottement et d'échauffement dû à la résistance de l'air.

Ils m'écoutèrent attentivement, puis me posèrent les questions habituelles.

— Pouvez-vous nous expliquer le mécanisme d'une bombe, monsieur ?

— Un autre jour.

— Une bombe nucléaire ?

— Un autre jour.

— Une bombe à hydrogène... au cobalt... à neutrons ?

— Un autre jour.

Ils ne me demandaient jamais de leur expliquer le phénomène de propagation des ondes radio dans l'atmosphère, qui était à mes yeux un mystère bien plus grand. Ils s'intéressaient à la destruction, pas à la création. Je retrouvais sur tous les visages cette violence qui m'habitait quand j'étais enfant. A leur âge, je passais d'innombrables heures au stand de tir, pour m'entraîner avec une carabine 22 long rifle et améliorer mes performances au point de pouvoir atteindre, neuf fois sur dix, une cible guère plus grosse qu'un ongle, placée à cinquante mètres. Un talent inutile, que je n'avais jamais eu l'intention d'utiliser contre une créature vivante, mais que je cultivais alors avec soin.

— Est-il vrai que vous avez obtenu une médaille à l'épreuve de tir au fusil, aux Jeux Olympiques ? demanda un élève.

— Non, totalement faux.

— Et après, monsieur ?

— Je veux que vous compariez la vitesse d'une balle à celle des choses que vous connaissez. Imaginez que vous êtes en avion et que vous regardez par le hublot...

La leçon se poursuivait. Ils s'en souviendraient toute leur vie, à cause de la carabine. Sans elle — et quoi qu'en pense Jenkins —, ils auraient tout oublié dès la fin du cours. Il me semblait qu'enseigner consistait à trouver des images frappantes plutôt qu'à fournir des données précises. Lors des examens, c'étaient les sujets présentés sous une forme plaisante qu'ils traitaient avec le plus de succès.

J'aimais l'enseignement. Plus précisément, j'aimais enseigner la physique, cette discipline que j'avais choisie avec passion tout en sachant que la plupart des gens l'esquivaient avec méfiance. La physique était la science de l'univers caché, comme la géographie était celle du monde visible. Elle mettait en lumière des phénomènes invisibles et redoutables : le magnétisme, l'électricité, la gravité, la lumière, le son, les rayons cosmiques... C'était la science des mystères de l'univers. Comment pouvait-on trouver cela rébarbatif ?

J'étais depuis trois ans à la tête de la section de physique d'un collège de l'East Middlesex ; quatre enseignants et deux techniciens y travaillaient sous ma responsabilité. A trente-trois ans, j'espérais une promotion, probablement accompagnée d'une mutation : la nomination à un poste de directeur adjoint, voire de directeur. Ceux qui étaient appelés aux plus hautes fonctions dans les collèges étaient chaque année plus jeunes ; peut-être pour que le pouvoir puisse les manipuler plus facilement. Si l'on en croyait les cyniques...

En fait, j'étais satisfait de mon travail, et confiant en l'avenir. Sur le plan conjugal, en revanche, la situation était moins brillante.

La troisième A apprit tout ce qu'elle devait savoir sur l'inertie, et Arcady croqua la pomme dès qu'il crut que je ne le regardais pas. Mais, après dix années d'enseignement, mon angle de vision était si ouvert que mes élèves me soupçonnaient parfois d'avoir des yeux derrière la tête.

— Ne jetez pas le trognon par terre, Paul.

Lui permettre de manger cette pomme était une chose — il l'avait bien mérité —, mais lui laisser croire que je n'avais rien vu en était une autre. Se faire respecter d'une classe nécessitait un affrontement constant, et je savais que de plus forts que moi avaient été vaincus par la meute.

La cloche sonna et mes élèves m'accordèrent l'insigne privilège de me laisser achever ma phrase avant de se ruer vers la sortie.

Je fis le tour des quatre laboratoires et des deux pièces où l'on stockait le matériel, pour m'assurer que tout était en ordre. Les deux techniciens, Louisa et David, rangeaient les appareils.

Louisa remarqua la carabine.

— Avez-vous quelqu'un à abattre ?

— Je ne tenais pas à laisser cette arme dans la classe.

— Est-elle chargée ?

Au ton de sa voix, on aurait pu croire qu'elle le souhaitait. Le vendredi soir, sa nervosité était si grande que personne ne se risquait à lui demander le moindre service. Je n'avais pas envie de l'entendre se plaindre pendant dix minutes de ses conditions de travail. Je savais que la mauvaise humeur de Louisa tenait à son métier : à quarante ans, elle était simple magasinier — efficace, méticuleuse, serviable —, jamais elle ne serait une « scientifique ».

— Si j'avais poursuivi mes études... avait-elle l'habitude de répéter.

Elle n'achevait jamais sa phrase, ce qui laissait entendre qu'elle eût alors éclipsé Einstein.

Je prenais soin de battre en retraite au moindre indice de nervosité, mais il fallait bien travailler avec elle et ses crises nuisaient à son efficacité.

Je lui tendis la feuille que j'avais préparée à son intention.

— Ma liste pour lundi.

Elle y jeta un regard réprobateur.

— Martin a retenu les oscilloscopes pour la troisième heure de cours.

Dans ce collège, la pénurie d'oscilloscopes était une source continuelle de disputes.

— Voyez ce que vous pouvez faire.

— Deux appareils vous suffiraient-ils ?

Je lui répondis que je m'en contenterais, lui adressai un sourire et formai le vœu que le beau temps lui permettrait d'achever ses travaux de jardinage. Puis je quittai le collège.

Je conduisis sans hâte, peu pressé de rentrer à la maison. Entre Sarah et moi, l'amour appartenait au passé. Après huit années de mariage nous n'éprouvions plus rien d'autre qu'un ennui qui ne cessait de grandir.

Sarah ne pouvait pas avoir d'enfants. Nous avions consulté quantité de spécialistes, qui lui avaient prescrit d'innombrables traitements. Elle avait même subi deux interventions chirurgicales, en vain. Ma déception était supportable, quoique profonde — la sienne était abyssale.

Des médecins nous avaient assuré que beaucoup de couples sans enfants vivaient heureux : l'infortune renforçait leur union. Mais dans notre cas la passion s'était muée en simple courtoisie, et projets et rires avaient cédé la place à un chagrin poignant et au silence.

Je ne lui suffisais pas. Je dus bientôt admettre qu'elle était plus faite pour être mère qu'épouse. Le mariage dans son esprit n'était qu'un moyen d'avoir des enfants. Il m'arrivait de me demander avec tristesse combien de temps elle aurait attendu pour réclamer le divorce si j'avais été responsable de cette stérilité.

Nous formions malgré tout un couple banal. Nous ne nous querellions jamais et nos discussions étaient rares. Aucun de nous n'attachait suffisamment d'importance à l'opinion de l'autre pour provoquer des disputes, et cela rendait notre vie insipide.

Mon retour fut semblable à des milliers d'autres. Je laissai la voiture devant les portes du garage et entrai dans la maison, les bras chargés d'une pile de cahiers et de la carabine. Sarah avait un emploi à mi-temps de réceptionniste dans un cabinet dentaire. Comme d'habitude, je la trouvai assise sur le canapé du salon. Elle lisait un magazine.

— Bonsoir, dis-je.

— Bonsoir. Bonne journée ?

— Pas mauvaise.

Elle n'avait pas levé les yeux. Je n'étais pas allé vers elle pour l'embrasser. La vie commune était peut-être préférable à la solitude, mais la différence ne pouvait être bien grande.

— J'ai prévu du jambon et de la salade de chou. Ça te va ?

— Parfait.

Elle reprit sa lecture. Sarah était blonde, très belle, mais le ressentiment se lisait sur son visage. Je m'y étais accoutumé, malgré ma nostalgie de son enthousiasme d'antan. Je me demandais souvent si elle se rendait compte que moi aussi j'avais perdu ma joie de vivre.

Ce soir-là, je résolus de réagir et de nous arracher à cette existence morose. Ce genre de décision m'était de plus en plus rare.

— Que dirais-tu d'aller dîner au restaurant ? Au Florestan, par exemple. Nous pourrions danser...

— Ne sois pas stupide.

— Viens donc...

— Ça ne me dit rien. Je préfère regarder la télé.

Elle tourna la page et ajouta, indifférente :

— Et puis tu sais bien que nos moyens ne nous permettent pas le moindre écart.

— Nous pouvons y aller, si ça te fait plaisir.

— Non, je n'en ai pas envie.

— D'accord.

Je soupirai.

— Alors, je vais corriger mes copies.

— Nous dînerons à sept heures.

— Entendu.

Je pivotais en direction de l'escalier, lorsqu'elle m'annonça :

— Tu as reçu une lettre de William. Je l'ai montée au premier.

— Oh ? Merci.

Elle se replongea dans son magazine et je portai la carabine et les cahiers dans la troisième chambre, qui me servait de cabinet de travail. Au cours de notre première visite de la maison, l'agent immobilier s'était lancé dans une description enthousiaste de la pièce, assurant qu'elle « conviendrait parfaitement à un enfant », ce qui avait failli lui faire manquer la vente. Je m'étais approprié l'endroit et l'avais décoré de la façon la plus masculine ; mais j'étais, malgré tout, persuadé que Sarah pensait encore aux enfants qui auraient dû y dormir. Elle n'y pénétrait que rarement, et qu'elle fût venue poser sur mon bureau la lettre de mon frère me surprenait.

Voici ce que m'écrivait William :

Cher Jonathan,

Pourrais-tu m'envoyer trente livres ?

Cette somme me permettra de passer les congés de ce trimestre à la ferme. J'ai écrit à Mme Porter. Elle m'a répondu qu'elle avait de la place, mais que ses prix avaient augmenté en raison de l'inflation. J'ai également besoin d'argent pour faire de l'équitation, au cas où on ne me laisserait plus monter les chevaux en échange du nettoyage des écuries. Les propriétaires du manège semblaient embarrassés, la dernière fois, à cause de la loi sur l'exploitation des mineurs. Je te demande un peu ! Je vais avoir seize ans. Aussi, si tu arrondissais la somme à cinquante livres, ce serait parfait. S'ils me permettent de travailler en échange des heures d'équitation, je te renverrai les vingt livres supplémentaires, parce que, pour ne pas se faire voler son argent dans ce collège de luxe, il faudrait l'enchâsser dans du béton. Ce trimestre, nous serons en vacances plus tôt que d'habitude, dès vendredi, alors puis-je compter sur ton chèque très rapidement ?

As-tu noté que Clinker a remporté le steeple, à Stratford ? Si tu ne veux pas que je devienne jockey, que dirais-tu de « tuyauteur » ?

J'espère que tu vas bien. Et Sarah aussi.

William.

P.S. Viendras-tu pour la fête sportive, ou pour

le jour du grand blabla ? Tu seras sidéré d'apprendre que j'ai raflé plus de la moitié des prix.

Le jour du grand blabla était celui de la remise des prix. Toujours une raison ou une autre m'avait empêché de m'y rendre et je décidai de tout faire cette fois pour y être présent. William devait parfois se sentir bien seul, en de telles occasions.

Mon frère cadet faisait ses études dans un collège privé grâce à la générosité d'un riche parrain, qui avait laissé en dépôt une somme importante « pour son éducation et l'apprentissage du métier de son choix, tout en souhaitant bonne chance à ce petit chenapan ». Cette âme généreuse réglait régulièrement les notes du collège et me versait de quoi le vêtir et subvenir à ses besoins, à charge pour moi de lui remettre de l'argent liquide aussi souvent que nécessaire. Ces dispositions me convenaient pour bien des raisons, et que William n'eût pas à vivre chez nous n'était pas la moindre. Mon frère était turbulent et indépendant : il ne correspondait pas à l'image de l'enfant que Sarah avait tant désiré.

William passait tous ses congés à la campagne, et ma femme trouvait parfois injuste qu'il pût disposer de tant d'argent, ajoutant qu'il avait été le préféré du jour où ma mère, à quarante-six ans, s'était aperçue qu'elle était de nouveau enceinte. A chacune de leurs rencontres, Sarah et William faisaient preuve d'une réserve prudente. William avait rapidement appris à réprimer ses penchants naturels et à ne pas taquiner ma femme, et Sarah avait pour sa part compris que ses critiques provoquaient des ripostes cinglantes.

Depuis, ils se contentaient de s'observer, comme deux adversaires de force égale, peu empressés d'ouvrir les hostilités.

Aussi loin que remontaient mes souvenirs, William avait été attiré par les chevaux et séduit par le métier de jockey. Une vocation que Sarah désapprouvait catégoriquement et contre laquelle je le mettais en garde avec plus de modération. William estimait qu'il existait des choses plus importantes que la sécurité, alors que Sarah et moi étions plus heureux dans une existence bien organisée. Au fil des ans, William avait vu croître sa soif de grand air, de vitesse, et d'incertitudes. Je n'étais pas étonné qu'il eût choisi de monter à cheval pendant ses vacances plutôt que de réviser les matières de l'examen auquel il devrait se présenter dès son retour au collège.

Je laissai sa lettre en évidence sur mon bureau, afin de ne pas oublier de lui envoyer un chèque, puis j'ouvris le placard où je rangeais mes armes.

La carabine que j'avais emportée n'était guère plus qu'un jouet dont la détention ne nécessitait aucune autorisation, et il n'était même pas utile de la garder dans un placard fermé à clé, mais je possédais encore deux 7,62 mauser, un 7,62 Enfield n° 4, et deux 22 long rifle Anschütz : autant d'armes qui tombaient sous le coup d'une réglementation tatillonne. J'avais aussi un vieux 303 Lee Enfield datant de mon enfance dont je conservais précieusement les munitions. On ne fabriquait plus de cartouches de 303 depuis que l'armée avait opté pour le 7,62 mm, dans les années soixante.

Je plaçai la carabine à air comprimé dans le

râtelier, m'assurai que tout était en ordre, et refermai les portes.

La sonnerie du téléphone résonna au rez-de-chaussée ; j'entendis Sarah décrocher. J'adressai un regard à la pile de cahiers : pourquoi avais-je choisi un métier qui m'obligeait à rapporter du travail à la maison ? Il n'y avait pas que pour les élèves que les devoirs étaient une calamité.

Sarah répondit au téléphone, d'une voix forte et joyeuse :

— Oh ! Allô, Peter. Comme c'est agréable de...

Il y eut une longue pause, puis Sarah gémit :

— Oh non ! Oh mon Dieu ! Oh non, Peter...

De l'horreur, de l'incrédulité, une grande détresse... Ce ton m'incita à descendre aussitôt.

Sarah était assise sur le canapé, figée.

— Oh non ! Ce n'est pas vrai. C'est impossible !

Elle me fixa sans me voir, le cou tendu.

— Naturellement... bien sûr... oh ! Peter, oui, évidemment... oui, tout de suite... oui... oui... nous y serons... Neuf heures. Peut-être un peu plus tard. Est-ce que ça ira ?... Alors, d'accord... et dis-lui qu'elle a toute ma sympathie...

Elle reposa le combiné, avec des mains tremblantes.

— Nous devons partir. Peter et Donna...

— Pas ce soir. J'ignore ce qui a pu leur arriver, mais pas ce soir. Je suis mort de fatigue et j'ai tous ces devoirs à...

— Si, immédiatement. Il faut y aller immédiatement.

— Ils habitent à cent cinquante kilomètres d'ici.

— Comme si la distance avait de l'importance ! Nous devons partir maintenant. Maintenant !

Elle se leva et gagna l'escalier.

— Il faut préparer une valise, ajouta-t-elle. Viens.

Je la suivis. Sa hâte m'exaspérait et m'inquiétait.

— Attends une minute, Sarah. Que leur est-il arrivé ?

Elle s'immobilisa sur la quatrième marche. Elle pleurait et son visage était méconnaissable.

— Donna... Donna...

— A-t-elle eu un accident ?

— Non... Pas...

— Quoi, alors ?

A cette question, ses pleurs redoublèrent.

— Elle... a besoin... de moi.

Je me sentis soulagé.

— Dans ce cas, va la voir. Je pourrai me passer de la voiture pendant quelques jours. Jusqu'à mardi. Lundi, je prendrai le bus.

— Non, Peter voudrait que nous y allions tous les deux. Il m'a suppliée... de te demander de venir.

— Pourquoi ?

Mais elle gravissait de nouveau les marches, et ne répondit pas.

J'ignorais toujours ce qui s'était passé, mais je savais pourquoi Sarah gardait le silence. Elle estimait que cela ne me plairait pas et que mon instinct m'inciterait à opter pour la neutralité. A contrecœur, je la suivis au premier pour découvrir qu'elle posait déjà des vêtements sur le lit.

— Donna a des parents, non ? Peter aussi. S'il

leur est arrivé quelque chose de grave, pourquoi font-ils appel à nous, bon Dieu ?

— Ils sont nos amis.

Elle s'affairait et pleurait, ravalait sa salive et laissait tomber des vêtements. Sa réaction me déconcertait et m'irritait à la fois.

— Se précipiter vers le Norfolk sans en connaître la raison, alors qu'on est affamé et épuisé... Je reste.

Sarah feignit de ne pas m'entendre. Elle continua à entasser les vêtements dans nos bagages, et ses pleurs se changèrent en gémissements.

Parmi les nombreux amis que nous avions eus autrefois, seuls restaient Donna et Peter, même s'ils n'habitaient plus à huit kilomètres et ne jouaient plus au squash avec nous chaque mardi. Les autres s'étaient soit éloignés, soit mariés. Tous avaient eu des enfants, à l'exception de Donna et Peter. C'étaient les seuls que tolérât Sarah, car c'étaient les seuls à ne jamais parler puériculture.

Ma femme et Donna avaient autrefois partagé le même appartement. Peter et moi avions été présentés l'un à l'autre en raison de notre statut de futurs époux et nous étions suffisamment trouvés sympathiques pour que cette amitié pût résister au départ de nos amis pour le Norfolk, même si les échanges de cartes de vœux et de coups de téléphone avaient remplacé nos fréquentes visites. Une fois, nous avions même passé nos congés ensemble, à naviguer sur les canaux.

— Donna serait-elle malade ?

— Non...

— Je reste.

Les gémissements de Sarah s'interrompirent.

Elle offrait un spectacle pitoyable, avec ses yeux rouges et à la main la chemise de nuit qu'elle avait pliée en hâte. Elle abaissa le regard sur la mousseline vert pâle et révéla finalement la raison de son désarroi.

— Elle a été arrêtée.

— Donna... arrêtée ?

J'étais sidéré. A mes yeux, Donna était une femme douce, effacée. Qu'elle eût des ennuis avec la police me paraissait invraisemblable.

— Elle est rentrée chez elle, à présent. Elle est... Peter dit qu'elle est... au bord du suicide. Il affirme qu'il ne se sent pas à la hauteur et... qu'il a besoin de nous... *maintenant*... immédiatement. Il ne sait pas quoi faire. Il pense que nous sommes les seuls à pouvoir les aider.

Elle pleurait de nouveau. Ce qu'elle avait appris et que j'ignorais toujours était un fardeau trop lourd pour elle.

— Que lui est-il arrivé ?

— Elle est allée faire quelques courses, et elle a volé... elle a volé...

— Pour l'amour du ciel ! C'est un sale coup, mais des milliers de gens volent à l'étalage. Il n'y a pas de quoi faire un tel drame.

— Tu ne m'écoutes pas ! cria Sarah. Pourquoi ne m'*écoutes-tu pas* ?

— Je...

— C'est un *enfant* qu'elle a volé.

2

Nous partîmes pour Norwich.

Sarah avait vu juste. Je n'aimais pas les raisons de ce voyage. J'étais irrité d'être mêlé à ce drame en sachant que je ne pourrais rien apporter de constructif.

Mais je pensais aux forces qui avaient poussé cette pauvre femme à commettre un tel acte, et je me dis que l'univers de l'invisible n'était peut-être pas limité au seul domaine de la physique. Chaque cellule vivante engendrait des charges électriques ; si je parvenais à établir une corrélation entre le rapt d'un bébé et un orage, la situation me paraîtrait sans doute plus acceptable.

Assise à côté de moi, Sarah resta silencieuse pendant la majeure partie du trajet. Elle se remettait de son choc, se préparait. Elle ne me parla qu'une seule fois, pour exprimer ce que nous pensions tous deux.

— Je pourrais être à sa place.

— Non.

— Tu ne sais pas... ce que c'est.

Je n'avais rien à répondre. N'étant ni de sexe féminin ni stérile, il m'était en effet impossible de savoir. Au cours de ces dernières années, Sarah n'avait cessé de me répéter, sur un ton allant de l'angoisse au dépit, que j'ignorais ce que cela représentait. Et je n'avais toujours pas plus de réponses à fournir que la première fois.

Nous étions au mois de mai et la longueur du jour facilitait la conduite, bien que quitter Londres un vendredi soir fût toujours éprouvant.

Le terme de notre voyage était une maison neuve aux larges fenêtres tendues de voilages et entourée d'une pelouse bien entretenue. Une villa pimpante, dans une rue bordée de demeures identiques : le symbole tangible de la réussite de Peter, qui espérait encore améliorer sa situation. Un cadre et un mode de vie qui m'auraient convenu parfaitement et où William eût étouffé.

Une confusion indescriptible régnait dans les pièces. Des tasses et des chopes avaient laissé des ronds sur tous les meubles, des vêtements et des journaux traînaient partout. Je compris finalement qu'il s'agissait des traces laissées par les policiers au cours de leurs allées et venues.

Peter nous accueillit avec le regard lugubre et la voix feutrée de ceux à qui l'on exprime des condoléances, quoique les récents événements eussent dû leur sembler plus pénibles que le décès d'un parent. Pelotonnée à l'extrémité du canapé du salon, Donna ne réagit même pas lorsque Sarah se précipita et l'étreignit pour lui témoigner son affection.

— Elle refuse de parler... et de s'alimenter, déclara Peter.

— Et d'aller aux toilettes ?

— Quoi ?

Sarah leva sur moi un regard lourd de reproches, ce qui m'incita à préciser :

— Si elle se rend aux toilettes c'est bon signe. Il s'agit d'un acte tellement naturel...

— Eh bien, oui, elle s'y rend.

— Alors, tant mieux.

Sarah devait attribuer mes propos à ce qu'elle appelait mon insensibilité chronique, alors que je ne cherchais qu'à les rassurer. Je demandai à Peter de me fournir des détails et, comme il ne tenait pas à m'en parler devant Donna, nous allâmes à la cuisine.

Policiers, médecins, hommes de loi et assistantes sociales avaient bu du thé et laissé la vaisselle. Peter ne semblait pas voir ce désordre qu'il n'eût pas toléré en toute autre circonstance. Nous nous assîmes et Peter m'apprit les détails de l'affaire.

La veille, dans la matinée, Donna avait pris un bébé dans son landau et l'avait emporté jusqu'à sa voiture. Arrivée près de la côte, une centaine de kilomètres plus loin, elle avait abandonné le véhicule avec le bébé à l'intérieur, pour s'éloigner à pied le long de la plage.

Les policiers avaient suivi leurs traces et retrouvé la voiture et l'enfant, avant de découvrir Donna hébétée, muette, assise sur le sable sous une pluie battante.

Ils l'avaient arrêtée, conduite au poste, et enfermée dans une cellule où elle avait passé la nuit avant de comparaître devant un magistrat. La cour avait ordonné une expertise psychiatrique, renvoyé l'audience à la semaine suivante, et laissé Donna en liberté surveillée en dépit des protestations de la mère du bébé. On avait affirmé à Peter que Donna bénéficierait d'un sursis, mais il tremblait toujours en pensant aux commentaires des médias et du voisinage.

— Tu as dit qu'elle était suicidaire.

Il hocha tristement la tête.

— Cet après-midi, je lui ai fait couler un bain...

Quelques instants lui furent nécessaires pour se reprendre. Donna s'était manquée de justesse : Peter l'avait retenue à l'instant où elle allait plonger dans la baignoire en tenant le sèche-cheveux branché.

— Sortons et allons prendre un verre.

— Je ne peux pas.

Il tremblait.

— Sarah s'occupera de Donna.

— Mais elle risque de...

— Sarah veillera sur elle.

— Je ne pourrais pas supporter...

— Nous achèterons une bouteille.

J'obtins du scotch et deux verres dans un café, juste avant l'heure de fermeture. Puis nous regagnâmes ma voiture que je garai sous un lampadaire dans une paisible rue bordée d'arbres, à cinq kilomètres de la maison de Peter.

— Qu'allons-nous faire ?

— Les choses s'arrangeront avec le temps.

— Nous ne nous en relèverons jamais. Comment le pourrions-nous ? C'est... impossible.

Il s'étrangla et pleura comme un enfant. Il laissait libre cours à un désarroi trop longtemps contenu et mêlé de révolte.

Je pris son verre qui oscillait dangereusement et attendis. Je manifestai ma compassion par quelques mots charitables. Quelle eût été ma réaction si Sarah s'était trouvée à la place de Donna ?

— Et il a fallu que ça arrive maintenant...

Peter chercha un mouchoir dans ses poches.

— Hé... oh ?

Il renifla convulsivement, essuya ses joues.

— Je suis désolé.

— Il n'y a pas de quoi.

Il soupira.

— Tu es toujours si calme.

— Je ne suis pas directement concerné.

— Je me suis fourré dans un sacré guêpier.

— Tout finira par s'arranger.

— Je ne parle pas de Donna. Je ne savais déjà pas quoi faire et à présent, avec cette histoire, je ne peux même plus réfléchir.

— Quel genre d'ennuis ? Financiers ?

— Non. Enfin, pas vraiment.

Il fit une pause. Il avait besoin d'un encouragement.

— Quoi, alors ?

Je lui rendis son verre. Il le regarda distraitement avant d'en vider d'un trait les trois quarts.

— Ça ne t'ennuie pas que je te fasse partager mes soucis ?

— Bien sûr que non.

Plus jeune que moi de deux ans, il avait le même âge que Donna et Sarah, et il me semblait parfois qu'ils me considéraient tous comme leur frère aîné. Il était naturel qu'il me prît pour confident.

Assez grand, maigre, il s'était laissé pousser une longue moustache sans en tirer l'apparence virile qu'il en espérait. Il restait le même : un homme compétent, à l'existence banale, qui vendait ses connaissances en informatique pendant la semaine et allait bricoler sur son bateau le dimanche.

Il s'essuya les yeux, prit de profondes inspirations.

— Je suis mêlé à une sale affaire.

— Quel genre d'affaire ?

— Tout a commencé comme une plaisanterie.

Il termina son verre et je me penchai vers lui, pour le servir.

— J'ai rencontré un type de Newmarket. Il avait à peu près notre âge et nous avons lié conversation dans le café où tu as acheté ce whisky. Il disait que ce serait formidable si un ordinateur pouvait donner à l'avance les résultats des courses, et nous avons bien ri.

Il y eut un silence.

— Savait-il que tu travaillais dans l'informatique ?

— Je le lui avais dit. Tu sais comment ça se passe.

— Et ensuite ?

— Une semaine plus tard, j'ai reçu une lettre. De ce même type. J'ignore comment il avait eu mon adresse. Par le patron du café, sans doute. Il sait où j'habite.

Il but une gorgée et garda un instant le silence, avant d'ajouter :

— Il voulait savoir si j'aimerais aider une personne qui mettait au point une méthode de calcul des handicaps des chevaux de course[1]. Et je me suis

1. Handicap : course ouverte à des chevaux dont les chances de vaincre, naturellement inégales, sont égalisées par l'obligation faite aux meilleurs de porter un poids supplémentaire ou de parcourir une distance plus longue. (*N.d.T.*)

dit : pourquoi pas ? Ce sont des ordinateurs qui attribuent les handicaps avant chaque épreuve, et cette lettre semblait émaner d'un organisme officiel.

— Mais ce n'était pas le cas ?

— Non. Simple demande de particulier. Mais après tout, pourquoi pas ? N'importe qui a le droit d'établir ses programmes personnels. Ce n'est pas une science exacte. Il faudrait pour cela que, sans handicap, les chevaux passent la ligne d'arrivée exactement dans l'ordre des poids attribués par l'ordinateur, ce qui ne risque pas de se produire.

— Tu sembles très calé.

— J'ai potassé le sujet, au cours de ces dernières semaines. Je n'ai même pas remarqué que je négligeais Donna... Si j'avais été un peu moins occupé, il est possible que...

— Cesse de te culpabiliser et parle-moi de cette histoire de handicaps.

— Il m'a remis des pages et des pages de notes. Des douzaines. Toutes écrites à la main et presque illisibles. Il voulait que je les organise en programmes assez simples pour que le dernier des imbéciles puisse s'en servir.

Il fit une pause.

— Quelles sont tes connaissances en informatique ?

— Je connais mieux les microprocesseurs que la programmation. Autant dire que je ne sais pas grand-chose.

— Pour la plupart des gens, c'est l'inverse.

— Probablement.

— J'ai fait ce qu'il me demandait. Un nombre important de programmes. Ils étaient tous plus ou moins semblables et relativement simples, mais le plus difficile était d'assimiler la signification de ces notes. C'est pour en comprendre le sens que j'ai eu le plus de problèmes. J'ai donc établi ces programmes et j'ai été payé en liquide.

Il s'interrompit et s'agita nerveusement sur son siège.

— Dans ce cas, qu'est-ce qui cloche ?

— Eh bien, j'ai fait remarquer à mon client qu'il était préférable de me laisser tester les programmes sur son ordinateur. Il existe des différences entre les modèles et je ne pouvais être certain que les programmes passeraient avant d'avoir fait un essai. Mais il a refusé. Je lui ai répondu qu'il n'était pas raisonnable. Il m'a prié de m'occuper de mes affaires. Alors j'ai laissé tomber, et c'est à ce moment que deux autres types ont fait leur apparition.

— Et qui étaient ces hommes ?

— Je l'ignore. Ils se sont contentés de ricaner lorsque j'ai voulu connaître leurs noms. Quand ils m'ont dit de leur remettre les programmes, j'ai répondu que c'était déjà fait. Ils ont alors précisé qu'ils n'étaient pas envoyés par mon client, mais que je devais malgré tout leur donner ces programmes.

— Et tu l'as fait ?

— Eh bien, oui... dans un sens.

— Mais, Peter...

Il m'arrêta.

— Oui, je sais. Mais je t'assure qu'ils étaient vraiment *effrayants*. Ils sont venus me voir avant-hier soir. Donna était sortie. Il faisait encore jour. Environ huit heures du soir, je pense. Elle allait souvent faire de petites marches...

Il s'interrompit et je touchai son verre du goulot de la bouteille.

— Quoi ? Non, ça suffit, merci. Ils sont donc venus chez moi, et ils ont ajouté que ma femme était jolie et que je tenais certainement à ce qu'elle le reste.

Il avala sa salive.

— Je n'aurais jamais cru... Enfin, je veux dire que ce genre de choses ne se produit jamais...

Les faits le démentaient.

Il parut se reprendre, et ajouta :

— Je leur ai remis tout ce que j'avais à la maison. Mais il ne s'agissait que des premières ébauches. J'avais écrit trois ou quatre programmes d'essai, comme je le fais souvent. De nombreux programmeurs travaillent à la machine à écrire ou directement sur l'ordinateur, mais je m'en tire mieux avec un crayon et une gomme. Ce que je leur ai donné pouvait sembler parfait à des gens qui ne connaissent rien à la programmation — ce qui était sans doute leur cas — mais en réalité ce travail n'était guère utilisable. D'autre part, je n'avais mentionné aucune référence et je savais que, même s'ils parvenaient à éliminer les failles des programmes, ils ne pourraient pas savoir à quoi ils se rapportaient.

Quand j'eus séparé les faits bruts de son jargon technique, je compris qu'il avait remis à des hommes dangereux une pile de papiers sans aucune valeur.

— Je saisis ce que tu voulais dire, en me parlant de guêpier.

— J'avais décidé d'emmener Donna à la campagne pendant quelques jours, par simple mesure de précaution. Je comptais le lui annoncer hier soir à mon retour du travail, mais des policiers sont venus au bureau me dire que ma femme avait enlevé... enlevé... Comment a-t-elle pu faire une chose pareille ?

Je revissai le bouchon de la bouteille et jetai un regard à ma montre.

— Il est presque minuit, nous devrions rentrer.

— Tu as raison.

Je fis une pause, la main sur la clé de contact.

— As-tu parlé aux policiers de tes deux visiteurs peu recommandables ?

— Non. Ils n'ont pas cessé d'aller et venir dans la maison, mais ils étaient là pour Donna. Ils ne m'auraient pas écouté, et de toute façon...

— De toute façon ?

— J'ai été payé en espèces. Une somme importante. Je n'ai pas l'intention de la faire figurer dans ma déclaration d'impôts. Si j'en parlais à la police... je serais contraint de la déclarer.

— Ce serait peut-être préférable.

— En parler aux policiers me coûterait très cher, et je n'aurais rien à y gagner. Ils enregistreraient ma déposition et attendraient que Donna soit défigurée pour agir. Ils ne peuvent pas passer leur temps à protéger tous ceux qui sont l'objet de vagues menaces. Et en ce qui concerne Donna, ils n'ont... pas été très gentils avec elle. De vraies ordures, pour la plupart. Ils se sont fait du thé et ont discuté entre eux comme si elle n'existait pas. On aurait pu croire qu'elle avait crevé les yeux du gosse, à la façon dont ils la traitaient.

Il était assez compréhensible que la sympathie des policiers fût plutôt allée à la mère du bébé, mais je m'abstins d'en faire la remarque.

— En ce cas, il serait préférable que tu emmènes Donna pendant quelque temps. Juste après l'audience. Pourras-tu prendre des vacances ?

Il acquiesça.

— Mais ce dont elle a vraiment besoin, c'est d'un traitement. Peut-être un bref séjour dans un hôpital psychiatrique...

— Non.

— De nos jours, le pourcentage des réussites est élevé, avec les médicaments modernes, les hormones, et le reste.

— Mais elle n'est pas...

Il n'acheva pas.

Les anciens tabous avaient la vie dure.

— Le cerveau est un organe et, comme tous les organes, il lui arrive parfois de se dérégler. Tu n'hésiterais pas, si le foie ou les reins étaient touchés.

Il secoua la tête et je n'insistai pas. Ce n'était pas à moi de décider. Je mis le contact et revins vers la maison. Nous nous engagions dans l'allée, quand Peter me déclara que Donna n'était jamais aussi heureuse qu'à bord de leur bateau. Une petite croisière lui changerait les idées.

Le week-end s'éternisait. Par instants, je tentais de corriger les devoirs, mais la sonnerie du téléphone résonnait sans cesse et, comme y répondre semblait être la tâche qui me convenait le mieux, je m'installai graduellement dans une suite ininterrompue de bavardages. Parents, amis, journalistes, fonctionnaires, mouches du coche, fous et salauds, je répondis à chacun d'eux.

Sarah, qui s'occupait de Donna avec beaucoup de dévouement, fut d'abord récompensée par de pâles sourires, puis par des murmures. Ensuite, Donna laissa libre cours à des pleurs hystériques, mangea sans appétit, et changea de vêtements. Mais elle avait de plus en plus tendance à se conduire comme une grande malade.

Peter s'adressait à elle avec un mélange d'amour et de culpabilité. Il saisissait le moindre prétexte pour s'enfuir dans le jardin. Le dimanche matin, il prit sa voiture et nous quitta à l'heure de l'ouverture des cafés pour revenir déjeuner assez tard. L'après-midi, c'est avec soulagement que je déclarai que je devais rentrer à la maison, à cause des cours du lundi.

— Je reste, me répondit Sarah. Donna a besoin de moi. Je téléphonerai à mon patron pour lui expliquer la situation. De plus, il me doit une semaine de congé.

Donna lui adressa un sourire et je vis Peter l'approuver d'un signe de tête.

— D'accord. Mais fais bien attention.

— A quoi ? s'inquiéta Sarah.

— Ne laisse pas Donna sortir seule.

Donna rougit et la colère de ma femme fut immédiate.

Je battis en retraite :

— Je n'avais pas l'intention... Je ne pensais qu'à sa sécurité... à la protéger... des personnes qui pourraient lui vouloir du mal.

Sarah saisit le sens de ma remarque et se calma.

Je pris congé à l'intérieur de la villa, car la rue était toujours occupée par les curieux. A la dernière minute, Peter me glissa trois cassettes que je pourrais écouter dans la voiture, si je m'ennuyais en cours de route : *Le roi et moi*, *Oklahoma*, et

West Side Story. Ce n'était pas les tout derniers succès, mais je le remerciai cependant, embrassai Sarah et Donna pour sauver les apparences, et partis avec une satisfaction peu charitable.

J'avais entamé le dernier tiers du parcours, lorsque je mis *Oklahoma*. Ce que Peter m'avait donné n'avait aucun rapport avec la musique... c'était un grésillement entrecoupé de brefs passages de son continu. Je fis avancer la bande, et effectuai un second essai.

Le même résultat.

J'éjectai la cassette, la retournai, et mis en marche. Même chose. J'essayai *Le roi et moi* et *West Side Story*. Idem.

Je connaissais ce genre de son. On ne pouvait l'oublier, lorsqu'on avait eu l'occasion de l'entendre une fois. Il comportait deux tonalités alternant si rapidement que l'oreille parvenait à peine à différencier la plus aiguë de la plus grave. Le grésillement continu indiquait simplement les pauses. Détail caractéristique, dans *Oklahoma*, les passages sur deux tons duraient entre dix secondes et trois minutes.

Il s'agissait du bruit émis par un ordinateur lorsqu'on enregistre ses programmes sur une bande magnétique.

Les cassettes sont pratiques et très utilisées, surtout pour les micro-ordinateurs, car elles permettent de stocker un grand nombre de programmes. Mais ce sont les bandes magnétiques ordinaires qui produisent un son plaintif et vibrant quand on les utilise avec un magnétophone.

Peter m'avait donné trois bandes de soixante minutes de programmes, et il n'était guère difficile de deviner à quoi ces programmes se rapportaient.

Pourquoi l'avait-il fait avec tant de discrétion ? Et surtout, pourquoi me les avait-il remises ? Estimant la question sans importance, je fourrai les cassettes et leurs boîtes dans le vide-poches, puis je mis la radio.

Après ce week-end passé dans une atmosphère aussi tendue, je ne pus m'empêcher de comparer les heures de cours à des congés et les problèmes de Louisa me parurent bien bénins par rapport à ceux de Donna.

Le soir, alors que je regardais le programme de mon choix à la télévision, tout en mangeant des corn-flakes, les pieds posés sur la table basse, Peter me téléphona.

— Comment va Donna ?

— J'ignore ce qu'elle deviendrait, sans Sarah.

— Et toi ?

— Moi ? Très bien. Dis, Jonathan, as-tu écouté une de mes bandes ?

Sa voix était hésitante.

— De courts passages de chacune d'elles.

— Je suppose que tu sais de quoi il s'agit ?

— Tes programmes de calcul de handicap ?

— Oui... Heu... pourrais-tu me les garder ?

Il ne me donna pas le temps de répondre.

— Vois-tu, nous comptons appareiller juste après l'audience de vendredi. Si Donna est laissée en liberté, bien sûr. Mais même le plus acharné de ces flics m'a dit que c'était presque toujours le cas, dans une affaire de ce genre. Donna est bouleversée de devoir se présenter devant le tribunal, et nous partirons le plus rapidement possible. Pour en revenir aux cassettes, je ne voulais pas les laisser au bureau. Voilà pourquoi je suis allé les chercher, hier matin. En fait, j'avoue ne pas avoir réfléchi. J'aurais pu les mettre en sûreté à ma banque, ou ailleurs. Je devais inconsciemment vouloir les faire disparaître de mon existence. Si ces deux brutes reviennent, je pourrai leur dire que je n'ai plus les bandes.

Peter me parut manquer de logique, pour un programmeur, mais il avait des excuses.

— As-tu des nouvelles de ces hommes ?

— Non, Dieu merci.

— Il est probable qu'ils n'ont pas encore découvert le pot aux roses. Je garderai tes bandes. Aussi longtemps que tu le voudras.

— Les choses vont probablement en rester là. Après tout, je n'ai rien fait d'illégal.

Était-ce le syndrome de l'autruche ? Peut-être avait-il raison, après tout.

— Pourquoi ne pas m'avoir dit la vérité ? Pourquoi *Le roi et moi*, et le reste ?

— Quoi ? Oh, c'est à mon retour du bureau, quand j'ai vu que vous étiez à table. Je savais qu'il serait impossible de t'éloigner des femmes, et je ne voulais rien te dire devant elles, aussi ai-je eu l'idée de glisser les cassettes dans ces boîtes.

Depuis que Donna avait enlevé ce bébé, le bon sens semblait avoir déserté l'univers de Peter. Mais je devais reconnaître que, pour un homme harcelé de toutes parts, il se comportait assez bien dans l'ensemble. Au cours du week-end, j'avais senti naître en moi du respect à son égard, un sentiment différent de la sympathie.

— Si tu as envie d'utiliser ces programmes, il te faudra un ordinateur Grantley, ajouta-t-il.

— Je ne pense pas...

— Ils pourraient amuser William. Il se passionne pour les courses, non ?

— Oui, bien sûr.

— Je leur ai consacré tellement d'heures que j'aimerais savoir s'ils marchent vraiment...

— D'accord, lui répondis-je.

Mais, comme les ordinateurs Grantley étaient rares et que William devait préparer ses examens, la perspective de tester ces programmes me semblait bien lointaine.

— Je regrette que tu ne sois plus ici. Tous ces coups de téléphone me dépriment. Est-ce que tu as eu droit à ces voix empoisonnées qui crachent leur venin contre Donna ?

— Oui, souvent.

— Mais ces gens ne la connaissent même pas !

— Ce sont des déséquilibrés. Ne les écoute pas.

— Que leur répondais-tu ?

— D'aller confier leurs problèmes à un psychiatre.

— Je regrette sincèrement que Donna ne soit pas allée en consulter un. J'ignorais que... enfin, je savais qu'elle voulait autrefois avoir des enfants ; nous ne pouvions pas en avoir : je pensais que le sujet était clos. Je n'aurais jamais imaginé... Elle, si paisible... A aucun moment elle n'a donné le moindre signe... Nous étions très attachés l'un à l'autre, tu sais. C'est ce que je croyais, en tout cas...

— Arrête, Peter !

— Oui.

Il fit une pause.

— Tu as raison, naturellement. Mais il m'est difficile de penser à autre chose.

Notre conversation se poursuivit encore quelques instants et, en raccrochant, j'eus l'impression de ne pas l'avoir aidé autant que je l'aurais pu.

Deux jours plus tard, en fin d'après-midi, il alla jusqu'au fleuve où était amarré son bateau. Il voulait faire le plein d'eau et d'essence, installer de nouvelles bouteilles de gaz pour la cuisine, et s'assurer que tout était paré pour appareiller avec Donna.

Peu de temps auparavant, Peter m'avait fait part de ses craintes. Il soupçonnait la batterie du bateau de ne plus tenir la charge, redoutait de se retrouver sans feux la nuit et de découvrir au matin qu'il ne pouvait pas faire redémarrer le moteur. Comme cela s'était déjà produit une fois, avait-il précisé.

Il tenait donc à s'assurer que la batterie était toujours bien chargée.

C'était le cas.

Lorsqu'il mit le contact, toute la partie arrière du bateau vola en éclats.

3

Ce fut Sarah qui m'apprit la nouvelle. Au téléphone. Avec une voix sèche, celle d'une personne épuisée.

— Ils pensent au gaz, ou à des vapeurs d'essence. Ils ne savent pas encore.

— Peter...

— Il est mort. Des témoins l'ont vu courir, les vêtements en feu. Il a sauté par-dessus bord, dans le fleuve... Mais lorsqu'on l'a repêché...

Un brusque silence, puis, lentement :

— Dieu soit loué, Donna et moi n'étions pas présentes.

Je chancelai, pris de nausées.

— Veux-tu que j'aille vous rejoindre ?

— Non. Quelle heure est-il ?

— Onze heures.

Je m'étais déjà dévêtu pour aller me coucher.

— Donna dort, grâce aux soporifiques.

— Et comment... comment va-t-elle ?

— Seigneur, à quoi pourrais-tu t'attendre ? Et après-demain, elle devra se présenter devant le tribunal.

— Elle peut compter sur l'indulgence de la cour.

— J'ai déjà reçu un coup de téléphone, d'une garce qui tenait à me dire que Sarah n'avait que ce qu'elle méritait.

— Je ferais mieux d'aller vous rejoindre.

— C'est impossible. Il y a tes cours. Ne t'inquiète pas. Je pourrai m'en tirer seule. Et le docteur va garder Donna sous sédatifs pendant plusieurs jours.

— Ne manque pas de m'avertir, si je peux être utile.

— Oui. Bonne nuit. Je vais aller me coucher. Demain, j'aurai beaucoup de choses à faire.

Je me couchai également, mais je ne pus trouver le sommeil. Au matin, je me rendis au collège, mais il me fut impossible de ne pas penser à Peter.

Je rentrais chez moi au volant de ma voiture, lorsque je remarquai les cassettes dans le vide-poches. En quittant le garage, je rangeai les bandes dans leurs boîtiers, glissai le tout dans ma veste, puis rapportai à la maison mon chargement habituel de cahiers.

La sonnerie du téléphone retentit presque aussitôt. Je fus surpris d'entendre William.

— M'as-tu envoyé mon chèque ?

— Mon Dieu, j'ai oublié !

Je lui en expliquai les raisons, et il admit que j'avais quelques excuses.

— Je vais le faire immédiatement, et je te l'expédierai à la ferme.

— Entendu. Je suis désolé pour Peter. Il m'a donné l'impression d'être un chic type, lorsque je l'ai rencontré.

— Effectivement.

Je parlai à William des bandes et lui précisai

que Peter avait souhaité avoir son opinion à leur sujet.

— C'est un peu tard, maintenant.

— Elles pourraient t'intéresser.

— Ouais, répondit-il sans grand enthousiasme. Sans doute un de ces systèmes infaillibles pour gagner aux courses ! Nous avons un ordinateur, dans la section de maths. Je demanderai quel est le modèle... Écoute, que dirais-tu si je décidais de ne pas entrer à l'Université ?

— Je ne serais pas content.

— C'est bien ce que je craignais. Étudie quand même la question, grand frère. Pendant ce trimestre, on m'a raconté un tas de bêtises sur le choix d'une carrière, mais je crois plutôt que c'est la carrière qui nous choisit. Je serai jockey. Nous n'y pouvons rien.

Je raccrochai, persuadé qu'il était inutile d'essayer de faire changer d'avis un garçon de quinze ans convaincu d'avoir trouvé sa vocation.

Sarah me téléphona peu après. Elle avait repris la voix sèche de la réceptionniste du cabinet dentaire. Elle se sentait mieux. J'attribuai son ton autoritaire à une journée éprouvante.

— Peter aurait dû être plus prudent, me dit-elle. On ne cesse de répéter à chaque propriétaire de bateau à moteur in-board de ne pas le mettre en marche avant de s'être assuré que des vapeurs d'essence ou du gaz ne se sont pas accumulés à fond de cale. Des embarcations explosent chaque année. Je ne l'aurais jamais cru aussi imprudent.

— Il avait bien d'autres choses en tête.

— C'est probable, mais ce sont tout de même des précautions élémentaires.

Je pensai qu'on se sent soulagé quand on peut faire porter à une victime la responsabilité de sa mort.

— La compagnie d'assurances cherche peut-être à se défiler.

— Il aurait tout de même dû être plus prudent.

— Oh, je ne dis pas le contraire. Mais, dans l'intérêt de Donna, évite de le raconter à tout le monde.

J'attribuai le silence qui suivit à du ressentiment. Puis elle déclara :

— Donna m'a demandé de te dire... Elle préférerait que tu ne viennes pas, ce week-end. Elle pense qu'il lui sera plus facile de tenir le coup, si elle est seule avec moi.

— Et tu partages son point de vue ?

— Eh bien, oui.

— Alors, c'est entendu.

— Ça ne t'ennuie pas ?

Elle paraissait surprise.

— Non, je suis persuadé que Donna a raison. Elle se repose sur toi.

Et un peu trop, ajoutai-je mentalement.

— Est-elle toujours sous l'effet des drogues ?

— Des sédatifs.

— Des sédatifs.

— Évidemment.

— Et pour son jugement, demain ?

— Des tranquillisants. Ensuite, des somnifères.

— Bonne chance.

— Oui.

Elle raccrocha, et je fus soulagé d'avoir été dispensé d'une corvée. Quelques années plus tôt, nous nous serions serré les coudes pour aider

Donna et nos réactions n'auraient pas été hypocrites ou influencées par nos problèmes personnels. Mais, si je regrettais cette époque, j'étais heureux de ne pas devoir passer le week-end en compagnie de ma femme.

Le vendredi, j'avais toujours les cassettes dans ma poche. Je me souvins du souhait de Peter et abordai un des professeurs de mathématiques : Ted Pitts, un homme aussi myope que perspicace.

— L'ordinateur dont dispose votre section, c'est bien vous qui vous en occupez, n'est-ce pas ?

— Nous l'utilisons tous.

— Mais c'est vous le virtuose, alors que les autres pianotent avec deux doigts.

Il apprécia mon compliment.

— Peut-être bien.

— Pourriez-vous me dire quelle est sa marque ?

— Bien sûr, c'est un Harris.

— Je suppose qu'on ne peut pas s'en servir avec une bande prévue pour un Grantley ?

— Ça dépend.

A vingt-six ans, il était dénué d'humour, et plein de bonnes intentions. Il souffrait, sous la férule de Jenkins.

— Le Harris n'a pas d'interprète intégré, ajouta Ted. Avec lui, on peut utiliser n'importe quel langage de programmation : FORTRAN, COBOL, ALGOL, Z 80, BASIC. Il suffit de le lui fournir et ensuite le Harris peut traiter tout programme écrit dans ce langage. Le Grantley est un appareil moins perfectionné qui possède un logiciel chargé de transformer en langage machine sa forme particulière de BASIC. Si vous disposez d'une cassette de BASIC Grantley, il suffira de la fournir au Harris pour qu'il puisse ensuite recevoir des programmes en BASIC Grantley.

Il fit une pause.

— Est-ce clair ?

— A peu près. Est-il difficile de se procurer une bande de BASIC Grantley ?

— Je l'ignore. Le mieux serait d'écrire directement à la firme, pour en commander une. Les services commerciaux accepteront peut-être de vous l'expédier.

— Pourquoi refuseraient-ils ?

Ted haussa les épaules.

— Ils risquent de vous conseiller d'acheter un de leurs ordinateurs.

— Pour l'amour de Dieu !

— Les fabricants d'ordinateurs, en général, ne nous facilitent pas la tâche. Les petits ordinateurs utilisent le BASIC, qui est le langage le plus facile à apprendre, et aussi l'un des meilleurs, mais chaque maison confère à ses appareils certaines particularités. Si l'on enregistre un programme sur un ordinateur, il est ensuite impossible de le passer sur un modèle d'une autre marque. Cette pratique garantit la fidélité de la clientèle : si l'on change de fabricant, toutes les bandes dont on dispose deviennent inutilisables.

— C'est plutôt ennuyeux.

Il m'approuva.

— Le profit prend toujours le pas sur le bon sens.

— C'est exactement comme l'incompatibilité des magnétoscopes.

— Exactement. Mais on aurait pu espérer que

les fabricants d'ordinateurs fassent preuve d'un peu plus de bon sens. S'ils parviennent ainsi à garder leur clientèle, ils ont toutes les peines du monde à convaincre les clients potentiels de changer pour leur marque.

— Merci quand même.

— Il n'y a pas de quoi.

Il hésita.

— Avez-vous une cassette que vous souhaiteriez passer ?

Je plongeai la main dans ma poche, pour en sortir *Oklahoma*.

— Oui. Celle-ci et deux autres. Ne vous laissez pas abuser par l'emballage, il s'agit bien de bandes de programmation.

— Ont-elles été enregistrées par un professionnel, ou par un amateur ?

— Un professionnel. Y a-t-il une différence ?

— Parfois.

J'expliquai que Peter avait préparé ces bandes pour un Grantley, et j'ajoutai que son client ne lui avait pas laissé tester les programmes sur la machine destinée à les recevoir.

— Vraiment ?

Cette nouvelle semblait le réjouir.

— Si votre ami est soigneux et consciencieux, il a dû enregistrer le BASIC Grantley sur la première de ces bandes. Les ordinateurs sont parfois susceptibles...

— Pourquoi ?

Il m'adressa un regard plein de reproche.

— Je vous croyais plus calé en informatique.

— Dix années ont dû s'écouler depuis l'époque où j'en savais davantage. J'ai oublié, et les ordinateurs ont évolué.

— Ce serait plus prudent pour la raison suivante : si le client venait se plaindre que les programmes ne passent pas, votre ami pourrait lui apprendre comment fournir à l'ordinateur une nouvelle version de son propre langage, ce qui permettrait ensuite de les utiliser. N'oubliez pas que le langage choisi occupe énormément de place et que la mémoire risque d'être insuffisante pour les programmes proprement dits.

Il soupira.

— Bien. Supposons que la capacité de mémoire d'un Grantley soit de 32 K octets, ce qui est courant pour ce type d'appareil. Le logiciel qui interprète le BASIC en langage machine n'entrant pas en ligne de compte, nous avons donc trente-deux mille octets à notre disposition, d'accord ?

— Je vous crois sur parole.

— Mais si nous fournissons le langage, nous perdons dix-sept mille octets, ce qui nous laisse moins de quinze mille octets pour travailler. Comme nous avons besoin d'un octet pour chaque lettre, chiffre, espace, virgule ou parenthèse, nous ne pourrons pas écrire grand-chose avant que tous les octets soient utilisés et que la machine soit saturée. A ce stade, l'ordinateur cesse de fonctionner.

Il sourit.

— La plupart des gens s'imaginent que les ordinateurs sont des puits sans fond. En fait, ils ressemblent bien plus à des sacs de haricots. Lorsqu'ils sont pleins, il faut les vider pour pouvoir les réutiliser.

— Est-ce ce que vous apprenez à vos élèves ?

Il parut déconcerté.

— Heu... oui. Dans les mêmes termes. On finit par s'enliser dans la routine.

La cloche sonna la reprise des cours, et il tendit la main vers la cassette.

— Je peux essayer celle-là, si vous voulez.

— Oui. Si ça ne vous ennuie pas.

Il opina du chef et je lui donnai également les deux autres cassettes.

— Je ne peux pas vous promettre de m'en occuper aujourd'hui, ajouta-t-il. J'ai des cours tout l'après-midi et Jenkins veut me voir à seize heures.

Il fit la grimace.

— Rien ne presse.

Donna fut laissée en liberté surveillée.

D'une voix lasse, Sarah m'apprit que la mort de Peter semblait avoir ému la mère du bébé, que Donna avait pleuré devant le tribunal, et que certains policiers avaient même fait preuve de gentillesse à son égard.

— Comment va-t-elle ?

— Elle est malheureuse. Je crois qu'elle vient seulement de prendre conscience de la disparition de Peter.

— Plus d'idées de suicide ?

— Je ne crois pas, mais cette pauvre Donna est tellement vulnérable...

— As-tu suffisamment d'argent ?

— C'est bien toi ! Tu es toujours aussi terre à terre.

— Mais...

— J'ai ma carte de crédit.

Je ne m'étais guère attardé sur l'état de Donna, et cela irritait Sarah.

— Ne te surmène pas.

— Je vais très bien. Je compte rester ici jusqu'à la fin de l'enquête du coroner. Plus longtemps, si Donna a toujours besoin de moi. J'en ai parlé à mon employeur, qui a parfaitement compris.

Ne risquais-je pas de trop apprécier la vie de célibataire, si l'absence de Sarah se prolongeait encore ?

— Je voudrais assister à l'enterrement.

— Oui. Je te tiendrai au courant.

J'eus droit à un « bonne nuit » acerbe. Le mien avait également manqué de tendresse... Je me dis qu'il nous serait impossible de poursuivre la vie commune si la courtoisie disparaissait à son tour.

Le samedi, je plaçai les mausers et l'Enfield n° 4 dans la voiture, et me rendis sur le champ de tir de Bisley, dans le Surrey.

Depuis quelques mois, j'y allais de moins en moins souvent. M'allonger sur un sol glacial ne m'amusait plus et mon enthousiasme pour ce sport avait faibli.

Je faisais partie de l'équipe britannique depuis de nombreuses années, même si je ne portais plus aucun insigne. Au retour du stand, je restai assis au bar et écoutai les autres analyser leurs performances et raconter leurs prouesses. Je n'aimais guère parler de mes résultats, récents ou anciens.

Quelques années plus tôt, j'avais pourtant participé aux Jeux Olympiques. Les armes étaient différentes, uniquement des petits calibres, et il y avait une distance unique — 300 mètres. Les Suisses régnaient en maîtres dans la discipline, mais, la chance aidant, j'avais terminé à une place honorable pour un Anglais. Et, outre l'expérience, j'avais vécu là le plus beau jour de ma vie. Pourtant, ce souvenir glorieux s'était estompé au fil des ans.

L'équipe britannique, qui affrontait principalement celles des pays du Commonwealth et remportait souvent la victoire, utilisait à présent des armes de 7,62 mm à diverses distances : 300, 500, 900 et 1 000 mètres. J'avais toujours aimé rechercher la précision, estimer la vitesse du vent et la température de l'air, calculer les conditions atmosphériques avec exactitude. A présent, tout cela appartenait au passé.

Les mausers, que j'affectionnais, n'étaient déjà plus d'un usage courant. Seuls les tueurs à gages, pour qui tirer de très loin est une nécessité professionnelle, semblaient avoir encore besoin de fusils extrêmement précis, qu'ils utilisaient avec une lunette : une hérésie pour tout tireur digne de ce nom. Les armées modernes avaient tendance à mitrailler et aucun fusil militaire ne tirait vraiment droit. De plus, toute amélioration de la puissance se faisait au détriment de l'esthétique. L'actuel fusil automatique réglementaire, avec son chargeur de vingt cartouches et sa capacité de tir par rafales, était un objet couvert de protubérances (la plupart en plastique en raison du poids). On parlait déjà d'un fusil sans crosse, conçu pour pouvoir être utilisé à hauteur de la taille et sans aucun souci de précision : un fusil à lunette infrarouge destiné à l'usage nocturne, disgracieux au possible. Et que trouvait-on au-delà de la cordite et du plomb ? Des missiles à neutrons sol-sol capables d'arrêter net une armée de blindés, et un nouveau type de batteries qui rendrait possible la réalisation de pistolets à rayons.

Le tir de précision n'était plus qu'un sport, évolution qu'avaient déjà connue l'arc, l'épée, le javelot et le marteau : l'arme la plus commune à une époque ne servait plus, à la suivante, qu'à décrocher une médaille aux Jeux Olympiques.

Cet après-midi-là, je n'obtins que des résultats médiocres, et n'étais pas d'humeur à bavarder avec les autres dans la salle de réunion du club. L'image de Peter tombant à la mer rendait trop de choses dérisoires. On me fit promettre de participer au Queen's Prize, en juillet, ainsi qu'à une compétition au Canada. Dans la voiture, je me demandai si je ne finirais pas par être exclu de l'équipe à cause de l'irrégularité de mon entraînement.

Nous devions effectuer de fréquents voyages à l'étranger et je m'étais fait fabriquer une valise sur mesure. Longue d'environ un mètre vingt, elle était intérieurement doublée d'aluminium et divisée en compartiments capitonnés. Outre trois fusils, elle contenait tout ce qui m'était nécessaire en compétition : carnet de score, protège-tympans, longue-vue, bretelles, gants, huile, écouvillon, rouleau de tir, brosse, chiffon de laine et munitions. Un chandail, deux combinaisons vert olive, un tapis de sol et une veste de cuir y avaient également leur place. Contrairement à l'usage, je transportais toujours mes armes montées et prêtes à servir. J'avais pris cette habitude après être arrivé en retard à une compétition, à cause des embouteillages. Je ne respectais la réglementation que lorsque ma valise devait voyager par avion. Elle était alors remise aux douaniers, scellée, et soumise à d'innombrables formalités.

Comme la plupart des femmes mariées à des tireurs, Sarah s'était rapidement lassée d'entendre des détonations. Elle en avait également eu assez de me voir perdre tant de temps et d'argent, et ma sélection pour les Jeux Olympiques n'avait que momentanément réduit son irritation.

Elle disposait d'un argument de poids : le tir était un sport coûteux, et je n'aurais pas pu le pratiquer sans sponsors. En échange, ces derniers exigeaient non seulement que je participe aux compétitions internationales, mais encore que je m'y présente entraîné et en forme : des conditions que j'avais été, jusqu'à ces derniers temps, ravi de remplir. Je me faisais vieux, pensai-je. J'aurais trente-quatre ans dans trois mois.

Je conduisis lentement sur le chemin du retour, puis entrai dans la maison silencieuse. Je posai ma valise sur la table basse du salon, surpris de ne pas entendre Sarah me suggérer de la monter directement au premier. Je la déverrouillai, heureux de pouvoir graisser mes armes tout en regardant la télévision, sans avoir à subir les regards désapprobateurs de ma femme. Je décidai de remettre le nettoyage à plus tard, lorsque j'aurais choisi un plat et que je me serais servi un remontant.

J'optai pour une pizza surgelée et me versai un scotch.

A cet instant, la sonnette de la porte d'entrée retentit ; j'allai ouvrir. Deux hommes au teint basané et aux cheveux noirs attendaient sur le seuil. L'un d'eux tenait un pistolet.

Je le regardai sans réagir. Je n'assimilai pas

immédiatement la signification de sa présence, pour la simple raison que j'avais vu des armes tout au long de la journée. Je pris enfin conscience que le canon de celle-ci était pointé sur mon ventre. Un Walther calibre 22, pensai-je, comme si ce détail avait de l'importance.

Il est probable que ma bouche s'ouvrit et se referma. Cette situation était inattendue, dans une banlieue pratiquement épargnée par la criminalité.

— Reculez, ordonna l'homme.

— Que voulez-vous ?

— Nous serons plus tranquilles à l'intérieur.

Il me poussa à l'aide du silencieux qui prolongeait le canon de l'automatique ; je lui obéis en raison du respect que m'inspiraient les armes de poing. Les deux hommes franchirent le seuil et refermèrent la porte.

— Les mains en l'air.

J'obéis aussitôt.

Il désigna d'un signe de tête la porte du salon.

— Entrez dans cette pièce.

J'avançai lentement, puis m'immobilisai.

— Que voulez-vous ?

— Un instant.

Il fit un autre signe de tête en direction des fenêtres pour son acolyte qui alluma la lampe puis alla tirer les rideaux. Il ne faisait pas encore nuit, et un rayon de soleil filtrait au point de rencontre des panneaux.

Je fus surpris de ne ressentir aucune peur. Ces hommes semblaient prêts à tout, mais j'estimais qu'ils devaient faire erreur et qu'ils repartiraient sans protester si je le leur demandais gentiment.

Ils étaient probablement plus jeunes que moi,

mais je ne pouvais en être certain. Des Italiens du Sud, peut-être. Ils avaient un long nez droit, une mâchoire étroite, des yeux brun sombre. De ces visages qui s'empâtent avec l'âge et évoquent alors les membres de la Mafia.

Cette dernière pensée me parut aussi absurde que la présence du pistolet braqué sur moi.

— Que voulez-vous ?

— Trois bandes de programmation.

Ma bouche dut sans doute imiter de nouveau celle d'un poisson.

— Quelles... quelles bandes de programmation ?

— Pas d'histoire. Nous savons que vous les avez. C'est votre femme qui nous l'a dit.

Il fit un mouvement brusque avec son arme.

— Allez les chercher.

Son regard était glacial. Son attitude traduisait le mépris que je lui inspirais.

— Je ne vois pas pourquoi ma femme vous a dit... pourquoi elle a pensé...

— Ne nous faites pas perdre notre temps.

— Mais...

— *Le roi et moi, West Side Story*, et *Oklahoma*.

— Je ne les ai pas.

— Ça, c'est vraiment dommage, mon gars.

Cette fois, le ton de sa voix était franchement menaçant. Je savais à présent que j'avais en face de moi un homme dangereux, qu'il me serait impossible de raisonner. S'il s'agissait des deux personnages qui avaient rendu visite à Peter, je comprenais les craintes de mon ami. Une impression d'inconstance et de témérité émanait de leur personne. Une absence totale d'inhibitions, contre laquelle les mesures légales n'avaient aucune prise. Il m'arrivait de déceler ce genre d'audace chez certains de mes élèves, mais jamais à un tel degré.

— Vous détenez une chose qui ne vous appartient pas, et vous allez nous la remettre.

Il fit pivoter le canon de son arme de quelques centimètres puis pressa la détente. J'entendis la balle siffler près de mon oreille. Derrière moi, du verre vola en éclats. Un souvenir de Venise auquel Sarah tenait beaucoup.

— D'abord ce vase. Ensuite, le téléviseur. Et, pour finir, ce sera votre tour. Les chevilles, par exemple. Vous serez infirme pour le restant de vos jours. Ces bandes ne valent pas ce sacrifice.

Je partageais son avis, mais je doutais pouvoir le convaincre en lui répétant qu'elles n'étaient plus en ma possession.

Il braqua son arme sur le téléviseur.

— D'accord, m'empressai-je de dire.

Il eut un petit rire de mépris.

— Alors, allez les chercher.

Il se détendit en constatant ma capitulation, imité par son acolyte obéissant et muet qui se tenait juste derrière lui. Je me rapprochai lentement de la table basse et baissai les bras.

— Elles sont dans cette valise.

— Prenez-les.

Je soulevai partiellement le couvercle de la valise et en sortis le chandail, que je laissai tomber sur le sol.

— Dépêchez-vous !

Il ne s'était pas attendu à se retrouver en face d'un fusil ; pas dans cette pièce, dans ce quartier, ni surtout dans les mains d'un homme comme moi.

C'est avec une expression d'incrédulité qu'il fixa le canon allongé et menaçant, et qu'il entendit le cliquetis du verrouillage de la culasse. Il risquait naturellement de soupçonner que je n'aurais jamais transporté un fusil chargé, mais j'espérais que cette hypothèse ne l'effleurerait pas — surtout si lui-même portait constamment un pistolet prêt à tirer.

— Lâchez votre arme. Au moindre geste, je vous abats tous les deux. Et je suis un tireur d'élite.

Ce n'était pas le moment d'être modeste.

Il hésita. Son acolyte paraissait terrorisé. Le mauser était une arme qui inspirait le respect. L'automatique tomba sur le tapis avec un bruit sourd.

— Poussez-le en douceur dans ma direction.

L'homme donna un coup de pied à son arme. Le pistolet s'immobilisa trop loin pour que je puisse le ramasser, mais il était hors d'atteinte de son propriétaire.

— Parfait. Maintenant, vous allez bien m'écouter. Les cassettes ne sont pas ici. Je les ai prêtées à un ami, car j'ignorais qu'il s'agissait de bandes de programmation. Si vous les voulez, vous devrez attendre que je les récupère. La personne à qui je les ai données est partie pour le week-end, et je ne sais même pas où. Indiquez-moi une adresse et je vous enverrai ces bandes. Elles ne m'intéressent pas plus que la raison pour laquelle vous souhaitez les obtenir. Je veux seulement qu'on me laisse tranquille... et ma femme également. Compris ?

— Ouais.

— Où voulez-vous que je les expédie ?

Ses yeux se plissèrent.

— Ça vous coûtera deux livres, pour les frais de port et d'emballage...

Ce détail parut le convaincre. Avec dégoût, il sortit de sa poche deux billets qu'il laissa tomber à ses pieds.

— Poste restante. Bureau central de Cambridge.

— A quel nom ?

— Derry, déclara l'homme après une brève pause.

— Bien. Entendu.

Je regrettai qu'il eût utilisé mon propre nom. Une autre réponse m'aurait peut-être fourni des informations sur leur compte.

— Vous pouvez filer.

Leurs regards se portèrent sur l'automatique qui gisait toujours sur le tapis.

— Allez attendre dans la rue. Je vous lancerai cette arme par la fenêtre. Et ne revenez pas.

Sans quitter des yeux le canon que je braquais sur eux, ils se dirigèrent vers la porte d'entrée, qu'ils refermèrent derrière eux.

De retour dans le salon, je posai le fusil sur le canapé et ramassai le Walther, dont j'ôtai le chargeur que je vidai dans un cendrier. Puis je dévissai le silencieux et ouvris la fenêtre.

Les deux hommes attendaient à six mètres de là, sur le trottoir. Je lançai le pistolet en direction d'un massif de roses. Lorsque l'acolyte eut ramassé l'arme en s'égratignant sur les épines, je jetai le silencieux au même endroit.

Découvrant que j'avais vidé le chargeur, l'homme au pistolet me cria :

— N'oubliez pas de nous expédier les bandes, si vous ne voulez pas qu'on revienne.

— Vous les aurez la semaine prochaine. Et ne croisez plus jamais mon chemin.

Je refermai la fenêtre, puis observai le départ des deux hommes.

Bon Dieu, pensai-je, mais qu'est-ce que Peter a bien pu programmer sur ces cassettes ?

4

— Qui t'a interrogée, au sujet des bandes de programmation ?

— Quoi ?

— Quelqu'un a dû venir réclamer des bandes magnétiques.

— Tu veux parler des cassettes ?

— Oui.

Je tentai de conserver le ton d'une conversation banale.

— Mais tu n'as pas pu recevoir sa lettre. Il est venu nous voir ce matin.

— Qui était-ce ?

— Oh ! Je comprends. Il a dû te téléphoner après avoir demandé notre numéro aux renseignements.

— Sarah...

— Qui était cet homme ? Je n'en ai pas la moindre idée. Je sais seulement qu'il travaillait avec Peter.

— Il avait quel genre ?

— Que veux-tu dire ? C'était un homme d'un certain âge aux cheveux grisonnants, plutôt replet.

Comme la plupart des personnes minces, Sarah assimilait l'embonpoint à un vice.

— Répète-moi ce qu'il t'a dit.

— Si tu y tiens. Il était désolé de ce qui venait d'arriver, mais Peter avait emporté chez lui un projet auquel il travaillait pour leur compagnie, sous forme de notes ou de cassettes. Il a ajouté que leur société serait heureuse de les récupérer, pour pouvoir confier ce travail à un autre programmeur.

Cette visite avait un air autrement plus civilisé que celle des deux truands.

— Et ensuite ?

— Donna lui a répondu qu'elle ignorait si Peter avait rapporté du travail à la maison, mais elle a regardé dans les placards et les tiroirs. C'est alors qu'elle a découvert trois cassettes sans leurs boîtes, empilées entre le gin et le Cinzano. Je ne t'ennuie pas, au moins ?

— Non, absolument pas. Continue.

J'imaginai son haussement d'épaules.

— Donna les a remises à cet homme, qui a d'abord semblé ravi. Puis il les a regardées de plus près et a déclaré qu'il s'agissait d'enregistrements de comédies musicales. Ce n'était pas ce qu'il voulait, alors il nous a priées de chercher encore.

— Et c'est alors que l'une de vous s'est souvenue...

— C'est moi. Nous étions toutes deux présentes quand Peter t'a confié des cassettes, mais il a dû se tromper de boîtes et te remettre par erreur celles de sa compagnie.

— L'homme a-t-il précisé son nom ?

— Oui. Il s'est présenté, en arrivant. Mais il n'articulait pas très bien et j'ai oublié. Pourquoi ? Il ne t'a pas laissé ses coordonnées, quand il t'a téléphoné ?

— Pas de carte de visite ?

— Ne me dis pas que tu as omis de noter son adresse, dit-elle avec exaspération. Attends un instant. Je vais en parler à Donna.

Elle posa le combiné et je l'entendis appeler son amie. Je me demandai pourquoi je ne lui avais pas révélé la vérité au sujet de mes visiteurs. Elle aurait sans doute insisté pour que je prévienne la police, ce qui m'aurait attiré bien des ennuis. J'avais brandi mon fusil hors des limites du champ de tir, et il m'eût été impossible de prouver aux policiers qu'il n'était pas chargé. L'utilisation d'une telle arme n'entrait pas dans la catégorie des moyens dont un chef de famille pouvait disposer pour défendre ses biens. A dix pas, les balles tirées par un mauser 7,62 mm ne se contentaient pas de briser un vase et de se loger dans le plâtre ; elles traversaient le mur et risquaient d'atteindre d'innocents promeneurs.

Il était plus rapide de se faire retirer une autorisation de détention d'armes que de l'obtenir.

— Jonathan ?

— Oui ?

Elle me lut l'adresse de la maison pour laquelle Peter avait travaillé, ainsi que son numéro de téléphone.

— Ce sera tout ?

— Oui, sauf... Est-ce que tout va bien, pour vous ?

— Pour moi, oui, merci. Donna est déprimée, mais je m'en tire.

Nous nous séparâmes comme d'habitude sur des adieux guindés et polis.

Le lendemain, le sens du devoir m'incita à

retourner à Bisley ; le sens du devoir, la nervosité, et l'absence de programme intéressant à la télévision. Mon tir fut plus précis et je pensai moins à Peter. A la tombée du jour, je rentrai chez moi et corrigeai les devoirs de mes élèves.

Le lundi, Ted Pitts m'annonça qu'il n'avait pas encore eu le temps de s'occuper des bandes, mais que si je pouvais rester après les cours il m'attendrait près de l'ordinateur.

Lorsque je le rejoignis, il s'affairait déjà dans sa petite alcôve. Avec ses murs couleur crème et son plancher usé, la pièce semblait désaffectée. Une ampoule électrique pendait au plafond. Deux chaises délabrées et deux tables, sur lesquelles reposaient des appareils qui avaient coûté une fortune, occupaient la majeure partie de l'espace. Je demandai à Ted pourquoi il se contentait d'un local aussi exigu et vétuste.

Il m'adressa un regard absent, totalement absorbé par sa tâche.

— Vous savez ce que c'est. Pour obtenir de bons résultats, il faut donner aux élèves des leçons individuelles. Nous manquons de classes. Cette pièce est la seule disponible. Il y a pire et, de toute façon, je n'y prête pas la moindre attention.

Je n'en fus pas surpris. Ted était un excursionniste, un ancien habitué des auberges de jeunesse, un amoureux de l'inconfort.

L'équipement comprenait une sorte de petit récepteur de télévision doté d'un clavier de machine à écrire disposé en saillie sous la partie inférieure de l'écran, un magnétophone, une grosse boîte noire sur laquelle on pouvait lire « Harris » et un appareil qui évoquait une machine à écrire privée de clavier. Des câbles reliaient les éléments entre eux et aux prises murales.

Ted Pitts glissa *Oklahoma* dans le lecteur de cassettes et tapa sur le clavier. CLOAD « BASIC » apparut en lettres capitales dans la partie supérieure gauche de l'écran de télévision. Sur la droite, deux astérisques se mirent à clignoter. Dans le magnétophone, la bande défilait rapidement.

— Savez-vous ce que je suis en train de faire ? me demanda Ted.

— Je crois comprendre que vous cherchez le langage sur la bande et que CLOAD signifie : chargement à partir de la cassette.

Il acquiesça et désigna la grosse boîte noire.

— L'ordinateur a déjà son propre BASIC en mémoire. Je le lui ai fourni pendant la pause de midi. Maintenant, voyons un peu...

Il se pencha sur le clavier et pressa quelques touches. Il arrêtait et remettait en marche le magnétophone, tout en ponctuant ses gestes par des exclamations.

— Rien d'utile, marmonna-t-il.

Il retourna la cassette et recommença l'opération sur l'autre face. Un long moment s'écoula et il hochait la tête de temps à autre.

— Passez-moi les deux autres bandes. Ce que nous cherchons devrait logiquement être enregistré au début d'une face. A moins que votre ami n'ait ajouté le langage à la fin... ou encore qu'il ne l'ait pas enregistré.

— Ces programmes ne peuvent vraiment pas être utilisés avec le BASIC du Harris ?

— Non. J'ai essayé avant votre arrivée. On obtient ERREUR en pas 10. Ce qui signifie que les deux versions sont incompatibles.

Ted grommela de nouveau et mit *West Side Story*. Il approchait de la fin de la première face de la bande, lorsqu'il se redressa.

— Tiens, tiens.

— Le langage ?

— Je ne peux encore rien affirmer, mais quelque chose a été programmé sous la référence « Z ». Je vais faire un essai.

Ted pressa d'autres touches, puis se rassit. Il rayonnait.

— Nous allons devoir attendre quelques minutes, le temps que ceci (il désigna la boîte noire) assimile ce qui est enregistré sous la référence « Z ». Et, s'il s'agit par hasard du BASIC Grantley, nous pourrons nous mettre au travail.

— Pourquoi ce « Z » vous donne-t-il des espoirs ?

— L'instinct. Je fais peut-être fausse route, mais cet enregistrement est plus long que les précédents et sa durée semble correspondre à l'énoncé du code : quatre minutes et quinze secondes. J'ai fourni du BASIC au Harris des milliers de fois.

Son instinct ne l'avait pas trompé. Le mot PRÊT apparut brusquement sur l'écran.

— Un homme plein de bon sens, votre ami. Voyons ce que vous m'avez apporté.

Lorsqu'il remit *Oklahoma*, les noms des programmes apparurent à côté de l'astérisque clignotant : certains étaient mystérieux, d'autres familiers.

DONCA EDINB EPSOM FOLKE GOODW HAMIL HAYDK HEREF HEXHM.

— Des noms de villes. Des villes où se déroulent des courses de chevaux.

Ted acquiesça.

— Quel programme souhaitez-vous essayer ?

— Epsom.

— Entendu.

Il fit revenir la bande au début, puis écrivit CLOAD « EPSOM » sur le clavier.

— L'ordinateur enregistre le programme. Mais vous le savez déjà. J'oublie toujours.

PRÊT réapparut.

— Que voulez-vous ? Le lister ou le passer ?

— Le passer, répondis-je.

Il appuya sur MARCHE. De petites lettres lumineuses formulèrent une question sur l'écran : QUELLE COURSE À EPSOM ? COMPOSEZ LE NOM DE LA COURSE PUIS APPUYEZ SUR ENTRÉE.

— Seigneur ! m'exclamai-je. Essayons le Derby.

— C'est logique.

Ted écrivit DERBY et l'écran fournit de nouvelles instructions : COMPOSEZ LE NOM DU CHEVAL PUIS APPUYEZ SUR ENTRÉE.

Il tapa JONATHAN DERRY, appuya sur la touche ENTRÉE, et je vis sur l'écran :

EPSOM : LE DERBY.

A TOUTES LES QUESTIONS RÉPONDEZ PAR OUI OU PAR NON PUIS APPUYEZ SUR ENTRÉE.

Quelques centimètres plus bas, on pouvait lire :

CE CHEVAL A-T-IL DÉJÀ REMPORTÉ UNE COURSE ?

Ted inscrivit OUI puis appuya sur la touche ENTRÉE. Les trois premières lignes subsistèrent, mais la suite changea.

CE CHEVAL A-T-IL GAGNÉ AU COURS DE CETTE ANNÉE ?

Ted écrivit NON. Sur l'écran apparut une nouvelle question :

Ce cheval a-t-il participé à une course ?

Ted répondit oui.

Le questionnaire qui suivait concernait le père du cheval, sa mère, son jockey, son entraîneur, le nombre de jours écoulés depuis sa dernière course et les prix remportés, puis :

Ce cheval est-il donné avant le départ à 25 contre 1 au moins ?

Ted inscrivit oui.

D'autres chevaux ?

Ted répondit par l'affirmative et ce fut de nouveau :

Composez le nom du cheval puis appuyez sur entrée.

— Ce n'est pas un calcul de handicap.

— Effectivement, déclara Ted. Je pense plutôt à un calcul de probabilités. Nous allons continuer, puis répondre non à la question : D'autres chevaux ?

Il inscrivit ted pitts et fournit ses réponses ; aussitôt après son non final, un tableau se dessina sur l'écran :

NOM DES CHEVAUX	FACTEUR DE RÉUSSITE
JONATHAN DERRY	27
TED PITTS	12

— Vous n'avez aucune chance de gagner, lui dis-je. Vous feriez mieux de rester à l'écurie.

Il sembla surpris, puis éclata de rire :

— Oui. C'est effectivement un guide pour les parieurs.

Il appuya sur list au lieu de marche, et le programme apparut immédiatement. Mais il défilait vers le haut beaucoup trop rapidement pour qu'il fût possible de le lire, comme un changement d'informations sur le tableau d'affichage des vols, dans un aéroport. Ted fredonna un instant, puis inscrivit LIST 10-140 ; après quelques scintillements, l'écran restitua ce qu'il avait demandé.

LIST 10-140

10 PRINT « QUELLE COURSE À EPSOM ? COMPOSEZ LE NOM DE LA COURSE PUIS APPUYEZ SUR ENTRÉE »

20 INPUT A$

30 IF A$ = « DERBY » THEN 330

40 IF A$ = « OAKS » THEN 340

50 IF A$ = « CORONATION CUP » THEN 350

60 IF A$ = « BLUE STAKES » THEN 360

La liste se poursuivait jusqu'au bas de l'écran sans changements importants, et Ted l'étudia un instant avant d'apprécier :

— D'une simplicité enfantine.

Il semblait au comble du bonheur. Il inscrivit LIST 300-380 et obtint une nouvelle série d'instructions.

Pas 330, je lus LET A = 10 : B = 8 : C = 6 : D = 2 : D1 = 2.

Les pas 332, 334 et 336 étaient similaires, avec des équivalences chiffrées pour chaque lettre.

— C'est la cotation, m'expliqua Ted. La valeur donnée à chaque réponse. Dix points pour la première, qui était... heu... « Le cheval a-t-il déjà remporté une course ? » Je constate que dix points sont également attribués à la dernière question, qui se rapportait à... la cote avant le départ, c'est bien cela ?

— Oui.

— Voilà. Je crois pouvoir dire sans me tromper

que le nombre de points affectés à chaque réponse varie en fonction de l'épreuve. Les questions peuvent également être différentes. Vous souhaitez vérifier ?

— Si vous avez le temps.

— Bien sûr ! J'ai toujours du temps à consacrer aux ordinateurs. Ils m'inspirent une véritable passion.

Il inscrivit LIST suivi de divers nombres, et obtint le résultat suivant :

```
520 IF N$ = « NON » THEN GOTO 560 : X = X+B
530 INPUT N$ : AB = AB+1
540 IF N$ = « NON » THEN GOTO 560 : X = X+M
550 T = T+G2
560 GOSUB 4000
```

— Qu'est-ce que ça signifie ?

— Hum... bon. Il est bien plus aisé d'écrire un programme que de l'expliquer à une tierce personne. Rien n'est plus personnel qu'un programme. On peut arriver au même résultat par des méthodes différentes. Je veux dire qu'on peut se rendre de Londres à Bristol en prenant l'autoroute M4, et baptiser différentes sections de cette voie à sa guise. Seul l'auteur du programme sait que, par exemple, L2, RQ ou B7 sont des sections de M4.

— Est-ce également ce que vous enseignez à vos élèves ?

— Heu, oui, désolé. L'habitude.

Il jeta un regard à l'écran.

— Les instructions du haut servent à éliminer certaines questions, quand les réponses précédentes les rendent inutiles.

Il fit revenir la bande au début et inscrivit CLOAD « DONCA ». PRÊT apparut sur l'écran et il appuya sur MARCHE.

Il nous fut immédiatement demandé : QUELLE COURSE A DONCASTER ? COMPOSEZ LE NOM DE LA COURSE PUIS APPUYEZ SUR ENTRÉE.

— D'accord.

Ted pressa plusieurs touches.

— Et si nous allions plus loin sur la bande ? Disons, GOODW ?

Nous obtînmes : QUELLE COURSE À GOODWOOD ? COMPOSEZ LE NOM DE LA COURSE PUIS APPUYEZ SUR ENTRÉE.

— J'ignore quelles épreuves se déroulent à Goodwood.

— C'est facile à savoir, me dit Ted tout en écrivant LIST 10-140.

Et, après quelques secondes de scintillement :

LIST 10-140

10 PRINT « QUELLE COURSE À GOODWOOD ? COMPOSEZ LE NOM DE LA COURSE PUIS APPUYEZ SUR ENTRÉE »

20 INPUT A$

30 IF A$ = « GOODWOOD STAKES » THEN 330

40 IF A$ = « GOODWOOD CUP » THEN 340

Cette liste recensait les noms de quinze courses.

— Que se passerait-il si nous écrivions le nom d'une épreuve pour laquelle aucun programme n'est prévu ?

— Nous allons le savoir.

Il appuya sur MARCHE.

QUELLE COURSE À GOODWOOD ? Il inscrivit DERBY.

AUCUNE INFORMATION SUR CETTE COURSE.

— Clair et net, dit Ted.

Nous essayâmes les deux faces des trois bandes, mais tous les programmes commençaient de façon similaire : QUELLE COURSE À REDCAR ? QUELLE COURSE À ASCOT ? QUELLE COURSE À NEWMARKET ?

Les programmes concernaient une cinquantaine d'hippodromes, avec un nombre variable de courses pour chacun d'eux. Plusieurs listes ne comportaient pas de noms d'épreuves particulières, mais des catégories comme le 7 FURLONGS EN LIGNE DROITE POUR LES 3 ANS ET PLUS, ou le STEEPLE-CHASE DE TROIS MILES POIDS-POUR-ÂGE, et il me fallut un certain temps pour prendre conscience qu'*aucune* de ces courses n'était avec handicap. Aucune question ne se rapportait aux distances parcourues par les chevaux vainqueurs en fonction de leur poids.

Il était possible de calculer les chances des chevaux dans plus de huit cents courses citées.

— Établir ces programmes a dû lui prendre des journées, fit remarquer Ted.

— Des semaines, plutôt. Il ne pouvait y consacrer que ses moments perdus.

— Ces programmes ne sont pas compliqués, et faire appel à un professionnel n'était pas indispensable. Il s'agissait avant tout d'un travail d'organisation. Mais votre ami n'a pas perdu beaucoup de place. Les professionnels obtiennent les mêmes résultats que les amateurs avec des programmes trois fois moins longs. Simple question de pratique.

— Nous devrions faire une marque sur la face de la bande où se trouve le BASIC Grantley.

Ted approuva ma suggestion.

— Il occupe la fin de la bande. Enregistré après York sous la référence « Z ».

Il s'assura qu'il avait la bonne cassette et nota quelque chose sur l'étiquette.

Sans raison particulière, je pris les deux autres bandes où je découvris l'écriture de Peter.

« Programmes établis pour C. Norwood. »

— C'est la première face, que vous regardez. Ascot et la suite.

Il fit une pause.

— Pendant que nous y sommes, nous devrions numéroter les faces.

Pour Ted, comme pour moi, l'ordre était une habitude. Lorsqu'il eut achevé de les numéroter, il remit les cassettes dans leurs boîtiers et me les rendit. Je le remerciai de sa patience et l'invitai à boire une bière. C'est devant un demi qu'il risqua :

— Allez-vous tester son efficacité ?

— L'efficacité de quoi ?

— De ce système de pronostics. Le derby d'Epsom aura lieu le mois prochain. Nous pourrions calculer les chances de tous les chevaux participant à cette épreuve, pour voir si ces programmes donnent effectivement le vainqueur. J'avoue que j'aimerais tenter cette expérience. Pas vous ?

— Je ne saurais pas répondre à toutes ces questions.

— Moi non plus.

Il soupira.

— Quel dommage. Ces informations doivent pourtant être disponibles quelque part...

— J'interrogerai mon frère à ce sujet.

Je lui fournis quelques précisions sur William, et ajoutai :

— Il parle parfois d'un livre des performances. Je suppose qu'on doit y trouver les réponses à ces questions.

Cette perspective parut le ravir. J'allais lui demander s'il estimait préférable de tester l'exactitude des programmes ou d'essayer d'en tirer profit sans attendre, lorsqu'il aborda le premier ce sujet.

— Est-ce que ça vous ennuierait beaucoup si... je veux dire... est-ce que je pourrais faire une copie de ces bandes ?

Je le fixai, surpris, et il m'adressa un sourire gêné.

— Une rentrée d'argent ne serait pas superflue, Jonathan. Si ces programmes permettent de savoir quels chevaux ont le plus de chances de gagner, il serait stupide de ne pas en profiter.

Il s'agita sur son siège et, comme je ne semblais pas pressé de répondre, il ajouta :

— Vous savez que nous avons des salaires de misère. La vie n'est pas rose, quand on a trois gosses à nourrir et à habiller. Leurs chaussures coûtent une fortune, et ces petits diables grandissent si vite qu'il faut acheter d'autres paires avant même d'avoir fini de payer les précédentes. J'en suis toujours au maximum autorisé sur ma carte de crédit. Toujours.

— Prenez une autre bière.

Il accepta mon offre, puis précisa :

— Dans votre cas, la situation est moins catastrophique. Vous n'avez pas d'enfants, et votre salaire est plus élevé que le mien.

— Vous êtes libre de reproduire ces programmes, si ça vous chante.

— Jonathan !

Il était au comble du bonheur.

— Mais si j'étais vous, j'attendrais d'être sûr qu'ils sont valables avant de parier. Vous pourriez perdre une somme importante.

— Je serai prudent.

Mais ses yeux brillaient et je me demandai si je n'assistais pas à la naissance d'une passion dévorante pour le jeu. Ted n'avait jamais fait preuve de modération.

— Demanderez-vous à votre frère où l'on peut se procurer un livre des performances ?

— Eh bien...

— Vous regrettez de m'avoir permis de reproduire cette méthode. Vous voudriez être le seul à l'utiliser, n'est-ce pas ?

— Non. Je pensais seulement... que le jeu est comparable à la drogue. On risque de s'y laisser prendre et de courir à sa perte.

— Mais je voudrais seulement...

Il s'interrompit, déçu mais résigné.

Je soupirai avant de dire :

— D'accord. Mais soyez raisonnable.

— Comptez sur moi.

Il était rongé par l'impatience. Je lui remis les bandes.

— Prenez-en soin.

— Sur ma vie !

— N'en rajoutez pas...

Je me souvins de la visite des deux truands et m'avisai que j'ignorais tout de cette affaire.

— Pendant que vous y êtes, préparez-moi un second jeu de copies.

Il parut déconcerté.

— Mais vous disposez des originaux...

— Non. Ils ne m'appartiennent pas et je vais devoir les rendre à leur propriétaire. Mais s'il y a moyen d'en faire des copies...

— Rien de plus simple. On en établit souvent par précaution. Il suffit de fournir le programme à l'ordinateur, puis de remplacer la cassette originale par une bande vierge sur laquelle on enregistre ce qui vient d'être introduit dans la mémoire. Il est possible de faire des douzaines de copies. Si on égare la cassette originale, ou si un imbécile s'en sert pour enregistrer autre chose, le programme n'est pas perdu.

— Je vais acheter quelques bandes.

— Donnez-moi l'argent, et je m'en charge. Je n'ai rien à reprocher aux bandes ordinaires, mais il est préférable d'employer des bandes digitales.

Je lui remis ce qu'il fallait et il m'affirma qu'il ferait les copies dès le lendemain, pendant la pause du déjeuner ou après les cours.

— Et vous vous renseignerez sur ce livre des performances ?

— Oui.

De retour chez moi, je téléphonai à la ferme et demandai William.

— Comment ça se passe ?

— Que dirais-tu si j'essayais de me faire engager dans une écurie de courses, cet été ?

— Je dirais : contente-toi des fermes.

— Ouais. Mais en juillet et en août tous les chasseurs sont dans la nature. Et plus rien ne tourne rond, à l'école d'équitation. Les meilleurs chevaux ont été vendus et il ne reste plus grand-chose à monter, sans parler de M. Askwith qui s'est mis à boire. Chaque matin, il arrive en hurlant et insulte les employées. Elles ne sont plus que deux pour s'occuper de quatorze chevaux. C'est une sacrée pagaille.

— Ça m'en a tout l'air.

— J'en suis réduit à réviser, en prévision de cet examen.

— La situation pourrait être plus catastrophique.

— Merci pour le chèque.

— Désolé qu'il te soit parvenu en retard. Au fait, j'ai un ami qui voudrait un livre sur les performances des chevaux de course. Comment peut-il s'en procurer un ?

J'appris qu'il existait une demi-douzaine d'ouvrages de ce genre.

Que désirait au juste mon ami ? Les résultats d'un cheval, le temps écoulé depuis sa dernière course, sa cote probable, les antécédents de son père, sa mère, son jockey et son entraîneur, et le nombre de prix qu'il avait remportés.

— Tu voudrais un condensé d'un livre des performances et de *La Vie sportive*.

— Oui, mais quel livre ?

— *Le* livre. *Raceform* ou *Chaseform* ; *Chaseform* est spécialisé dans les courses d'obstacles. Est-ce que ton ami s'y intéresse aussi ?

— Je le crois.

— Alors, dis-lui d'écrire au *Journal du Turf*. Leur livre des performances sort par fascicules hebdomadaires. Il est constamment mis à jour. C'est ce qu'il y a de mieux. J'aimerais m'y abonner, mais il coûte une fortune. Crois-tu que mon « parrain » pourrait considérer que ce genre d'abonnement entre dans le cadre de ma formation professionnelle ?

Le ton de sa voix indiquait qu'il avait peu d'espoir. Moi, je pensai à la situation financière de Ted Pitts et je me renseignai auprès de William.

— Tu ne connais pas une solution plus économique ?

— Hum... Il pourrait essayer l'hebdomadaire *Records Sportifs*.

Une brusque pensée l'assaillit.

— Est-ce qu'il n'y aurait pas un rapport avec ton ami Peter et sa méthode de paris ? Tu m'as pourtant bien dit qu'il était mort...

— La même méthode, avec un ami différent.

— Il n'existe aucun système vraiment efficace.

William était catégorique.

— Tu le saurais, naturellement.

— Je lis beaucoup.

Notre conversation se poursuivit encore quelques instants. En raccrochant, je regrettai de ne pas lui avoir demandé s'il n'aimerait pas mieux passer la semaine avec moi, plutôt qu'à la ferme. Mais je savais qu'il refuserait. Il devait estimer que la compagnie d'un ivrogne tel que M. Askwith était préférable au style de vie de Twickenham.

Sarah téléphona une heure plus tard. Elle semblait tendue :

— Connais-tu un certain Chris Norwood ?

— Non.

Avant même d'avoir prononcé ce mot, je me rappelai que Peter avait écrit sur la cassette : « Programmes établis pour C. Norwood. » Je voulus le dire à Sarah, mais elle me prit de vitesse.

— Peter le connaissait, en tout cas. Les policiers sont revenus poser des questions.

— Mais que...

— J'ignore ce qui se trame, si c'est ce que tu voulais savoir. Mais, en ce qui concerne ce dénommé Chris Norwood, je peux te dire qu'on vient de retrouver son cadavre.

5

L'ignorance et la perplexité m'enveloppaient comme un épais brouillard.

— Je pensais que Peter t'avait peut-être parlé de lui, précisa Sarah. Tu as passé plus de temps avec lui qu'avec nous.

— Donna connaît-elle ce Norwood ?

— Non, et elle est toujours sous l'effet du choc.

J'estimais que le brouillard pouvait se montrer dangereux. Il dissimule parfois des pièges pour le voyageur imprudent.

— Qu'ont dit les policiers ?

— Pas grand-chose. Ils effectuaient une enquête sur la mort de ce Norwood et souhaitaient obtenir de Peter quelques renseignements sur son compte.

— Peter ?

— Oui. Ils ignoraient son décès. Il ne s'agissait pas des mêmes policiers. Ils ont dit qu'ils venaient du Suffolk, je crois. Quelle importance ? Ils avaient trouvé le nom et l'adresse de Peter sur un bloc-notes, à côté du téléphone de Norwood. Ils ont précisé que dans les affaires de meurtre ils devaient suivre toutes les pistes, même les plus insignifiantes.

— Meurtre...
— C'est le terme qu'ils ont employé.
— Quel jour cet homme a-t-il été tué ?
— Comment veux-tu que je m'en souvienne ? La semaine dernière. Jeudi... Vendredi... Je ne sais plus. C'est Donna qu'ils ont interrogée, pas moi. Je n'ai pas cessé de leur répéter qu'il fallait la laisser tranquille, mais ils ne m'écoutaient pas. Ils ne comprenaient pas qu'elle était trop éprouvée pour se soucier d'un étranger, même s'il avait été assassiné. Et, pour couronner le tout, ils ont déclaré qu'ils reviendraient plus tard.
— Quand l'enquête judiciaire du coroner doit-elle avoir lieu ?
— Comment pourrais-je le savoir ?
— Je veux parler de l'enquête sur la mort de Peter.
— Oh... vendredi. Mais notre présence ne sera pas nécessaire. Le père de Peter ira reconnaître le corps. Il refuse d'adresser la parole à Donna, qu'il tient pour responsable de l'imprudence de son fils. Il a été ignoble avec elle.
— Mm...
— Un agent de la compagnie d'assurances est venu questionner Donna pour savoir si Peter avait remarqué des fuites de gaz, et s'il lui arrivait de mettre le moteur en marche sans avoir vérifié qu'il n'y avait pas de vapeurs d'essence dans le bateau.

Peter n'avait jamais été imprudent. Pendant ces vacances que nous avions passées à naviguer sur les canaux, il n'avait jamais omis d'ouvrir chaque matin la trappe du compartiment moteur afin de permettre aux vapeurs de s'échapper. Il s'agissait d'un moteur Diesel, et le gasoil est un carburant moins inflammable que l'essence.

— Donna a répondu qu'elle l'ignorait et que c'était toujours Peter qui s'occupait du moteur. Je voudrais bien savoir pourquoi ils font tant d'histoires pour de simples vapeurs. Si de l'essence avait giclé de tous les côtés, je comprendrais. Mais...

— Ce sont les vapeurs qui explosent. Sous sa forme liquide, l'essence n'est pas inflammable, sauf lorsqu'elle est mélangée à de l'air.

— Tu es sérieux ?

— Absolument.

— Oh...

Il y eut un silence, puis de mornes adieux accompagnés d'un bâillement.

Le mardi, Ted Pitts me déclara qu'il n'avait pas eu le temps d'acheter les bandes nécessaires aux copies. Le mercredi, je parvins à convaincre un collègue de me remplacer pour les activités de plein air de l'après-midi. Dès que sonna la fin du cours je partis pour Norwich, non pour voir ma femme mais pour rendre visite aux ex-employeurs de Peter.

Mason Miles et ses associés ne semblaient pas surchargés de travail, mais la morosité qui est de règle dans toute entreprise au bord de la faillite ne régnait pas dans leurs bureaux. A l'évidence, l'inactivité était ici chose courante.

Une jeune femme assise derrière un bureau lisait un magazine. Un homme fouillait dans les entrailles d'un petit ordinateur et fredonnait à la manière de Ted Pitts. Un autre, plus âgé, que j'apercevais à travers une porte vitrée portant l'inscription : « Mason Miles », se prélassait dans un fauteuil, un journal déployé devant lui. Quelques secondes après mon entrée, tous trois levèrent lentement les yeux sur moi.

— Bonjour, dit la jeune femme. Vous venez pour la place ?

— Quelle place ?

— Vous n'êtes pas D.F. Robinson ?

— Je crains que non.

— Il est en retard. Je crois qu'il ne se présentera pas. C'est toujours la même chose.

— Vous attendez le remplaçant de Peter Keithly ?

Le jeune homme abandonna sa machine.

— Oui, me répondit la jeune femme. Mais si vous ne venez pas pour la place... que voulez-vous ?

J'expliquai qu'une personne travaillant pour leur société était allée récupérer des cassettes chez la veuve de Peter.

Elle resta interdite. Mason Miles fronça les sourcils. Le jeune homme lâcha son tournevis et marmonna des propos inintelligibles.

— Personne ne s'est rendu chez Peter, déclara la jeune femme.

— De quelles bandes voulez-vous parler ? demanda Miles. Venez dans mon bureau.

Il posa le journal et se leva à contrecœur, comme si cet effort lui eût coûté. Il ne correspondait pas à la description que m'avait faite Sarah d'un homme d'un certain âge, grisonnant et replet. Il avait une toison rousse bouclée, un visage allongé et blême. Une longue lèvre supérieure indiquant l'obstination et des pommettes saillantes de Scandinave : l'archétype du grand maigre, au seuil de la quarantaine.

— Je ne voudrais pas vous déranger.

— Vous ne me dérangez pas.

— Est-ce qu'un autre membre de votre compagnie a pu se rendre chez Peter pour récupérer les bandes sur lesquelles il travaillait ?

— Quelles bandes ?

— Un programme d'évaluation des chances des chevaux de course.

— Il n'a jamais travaillé sur un tel sujet.

— Même pendant ses moments de loisirs ?

Mason Miles haussa les épaules et se rassit avec le soulagement d'un voyageur arrivant à bon port.

— C'est possible. Ce qu'il faisait en dehors des heures de travail ne regardait que lui.

— Y a-t-il un homme d'un certain âge et grisonnant, parmi vos employés ?

— Non. Si cet individu a rendu visite à Mme Keithly en prétendant venir de notre part, c'est ennuyeux.

— Peter écrivait des programmes pour un certain Chris Norwood. Je présume que vous n'avez jamais entendu parler de cette personne ?

J'avais posé cette question sans nourrir d'espoirs ; il secoua la tête puis me suggéra d'interroger ses associés. Ces derniers ne connaissaient pas de Chris Norwood, mais le jeune homme cessa de manipuler son ordinateur pour m'informer qu'il avait mis les affaires personnelles de Peter dans une boîte à chaussures. Elle était dans un placard et je pouvais y jeter un coup d'œil, si je le désirais.

Je sortis le carton du placard et entrepris de feuilleter les notes manuscrites qu'il contenait. Presque toutes se rapportaient au travail de Peter et se présentaient sous forme de messages énigmatiques. « Se souvenir de parler à RT des modifications de PET. » « Prendre les disquettes pour LMP. » « Penser à parler à ISCO de l'ensemble des programmes de L. » « Le défaut du programme de R doit provenir d'une erreur de syntaxe dans le sous-programme. » Tout était de la même veine, et rien ne pouvait m'être utile.

Un bruit me parvint de la porte d'entrée et un jeune homme empourpré, à bout de souffle, apparut sur le seuil. Il portait une valise, un sac et une raquette de tennis.

— Désolé. Le train a eu du retard.

— Robinson ? demanda la jeune femme. D.F. Robinson ?

— Quoi ? Oh, oui. La place est-elle toujours libre ?

J'orientai mon regard sur une autre note, à l'écriture aussi précise que les autres : « Emprunter une bande de BASIC Grantley à G.F. » Je retournai le morceau de papier. Peter avait écrit au dos : « C. Norwood, Angel Kitchens, Newmarket. »

Je poursuivis mes recherches sans découvrir d'autres renseignements susceptibles de m'intéresser. Je remis les notes en place et remerciai les associés, qui ne me prêtèrent aucune attention. Leur intérêt s'était reporté sur D.F. Robinson, qui subissait un interrogatoire en règle. Miles avait convoqué tout le monde dans le second bureau et lui demandait :

— Que feriez-vous en présence d'un client qui répète toujours les mêmes erreurs, mais qui vous en fait porter la responsabilité en prétendant que vous ne lui avez pas fourni des explications assez précises ?

J'esquissai un au revoir que nul n'entendit et sortis.

Newmarket était éloigné de quatre-vingts kilomètres de Norwich. Je m'y rendis par cet après-midi ensoleillé tout en songeant que le brouillard qui m'enveloppait s'épaississait de plus en plus.

J'appris par l'annuaire téléphonique d'un bureau de poste qu'Angel Kitchens était installée dans Angel Lane, une impasse située à l'est de la ville, loin de la circulation de High Street. J'eus un mal fou à la dénicher.

Angel Kitchens était une entreprise d'alimentation industrielle qui fabriquait des plats surgelés destinés à une clientèle aisée. « C'est extra ! » s'était exclamée l'une des personnes à qui j'avais demandé mon chemin. « De la cochonnerie », « On en trouve partout, mais je préfère encore le bifteck haché », « Vraiment savoureux » — m'avaient en vrac affirmé les autres. Toutes connaissaient le produit, à défaut de savoir où il était préparé.

L'usine avait dû être construite sur les dépendances d'un ancien manoir. Les bâtiments, disposés de façon anarchique, étaient cernés par de grands arbres et par les vestiges d'un jardin. Je garai ma voiture devant un bâtiment où était inscrit BUREAUX, puis franchis les battants de verre de la porte du hall.

Le contraste avec les bureaux de Mason Miles me frappa. Ici, le travail équivalait à une course, pour ne pas dire à un sprint. Les employées semblaient craindre que le travail ne les submergeât, au cas où elles se fussent accordé une seconde de répit.

Je demandai s'il était possible de rencontrer un ami de Chris Norwood. La réponse fut cinglante.

— Ce salopard ? S'il a jamais eu des amis, ils doivent être aux légumes. C'est là qu'il travaillait.

— Aux légumes ?

— Le bâtiment à deux niveaux, aussitôt après les ateliers de congélation.

Je regagnai l'aire de stationnement, où j'errai quelques instants avant de me renseigner une nouvelle fois.

— Là où on décharge les carottes.

Les sacs de carottes s'amoncelaient sur un chariot élévateur ; le conducteur me désigna une entrée réservée au personnel.

Je traversai un petit vestibule, puis un immense vestiaire. Cette salle s'ouvrait sur une pièce aux murs carrelés de blanc et garnis de nombreux lavabos où régnait une odeur de désinfectant. Elle s'achevait par une porte battante donnant sur un atelier. Sous un éclairage aveuglant, j'aperçus des personnes vêtues de blanc, entourées de machines bruyantes.

Me voyant apparaître, un homme corpulent se dirigea vers moi en agitant les bras et me chassa hors de la salle.

— Sapristi, vous voulez me faire renvoyer !

— On m'a dit de venir ici.

— C'est à quel sujet ?

Je réclamai encore qu'on me présentât à un ami de Chris Norwood, mais avec moins d'assurance que la première fois.

L'homme me dévisagea. Sa casquette de contremaître descendait sur ses épais sourcils noirs.

— Il a été assassiné. Vous êtes journaliste ?

— Non, mais il était en relation avec l'un de mes amis et il nous a attiré quelques ennuis.

— Ça ne m'étonne pas.

Il sortit de la poche de son pantalon blanc un mouchoir avec lequel il s'essuya le nez.

— Que désirez-vous, exactement ?

— Pouvoir parler à quelqu'un qui le connaissait. Savoir qui il était, ce qu'il faisait.

— Je l'ai bien connu.

Il réfléchit.

— Qu'est-ce que ça me rapporterait ?

Je soupirai.

— Ces renseignements ne peuvent me coûter plus que je ne peux donner, et je ne suis qu'un simple enseignant.

— Alors, c'est d'accord. Je termine à six heures. J'irai vous retrouver au Dragon Pourpre. Vous remontez la ruelle et vous prenez à gauche sur quatre cents mètres. Vous m'offrirez deux bières et nous discuterons. D'accord ?

— Entendu. Je m'appelle Jonathan Derry.

— Akkerton...

Il inclina le front, comme pour sceller un pacte.

— Vince Akkerton.

Il me jaugea une dernière fois du regard, puis se dirigea vers la porte battante. J'entendis les premières paroles qu'il cria dans la salle.

— Hé, Reg, remets-toi au boulot ! Il suffit que je tourne le dos une minute pour que...

La porte se referma derrière lui...

Je l'attendis à une table du Dragon Pourpre, un café beaucoup moins exotique que son nom. Il arriva à six heures et quart, vêtu d'un pantalon gris et d'une chemise bleue et blanche. En s'asseyant, il m'offrit le spectacle de sa poitrine velue ; il soupira et passa sa langue sur ses lèvres. La première bière que je commandai pour lui disparut en une gorgée, bientôt suivie par la moitié de la seconde.

— Découper des légumes, ça donne soif.

— Vous le faites à la main ?

Le ton de ma voix avait dû trahir ma surprise.

— Bien sûr que non. Lavage, pelage, découpage, tout s'effectue mécaniquement. Mais les légumes ne peuvent pas sauter tout seuls dans les machines.

— Quels... légumes ?

— Ça dépend. Aujourd'hui, des carottes, du céleri, des oignons, des champignons. Ceux-là, on y a droit tous les jours. Indispensables pour le bœuf bourguignon. C'est le plat le plus vendu, suivi de près par le poulet au chablis et le porc au porto. Vous connaissez ?

— Pour être sincère, je dois avouer que je n'y ai jamais goûté.

Il but une longue gorgée.

— Des plats succulents. Uniquement des produits très frais. On ne plaisante pas là-dessus. C'est plus cher, notez bien, mais ça en vaut la peine.

— Vous aimez votre métier ?

— Oui. J'ai passé toute ma vie dans des cuisines. Dans certaines, on peut serrer la pince aux cafards. Aussi gros que des rats. Ici, c'est si propre qu'on verrait voler une mouche à plus d'un kilomètre. Ça fait trois mois que je suis aux légumes. J'ai passé une année aux poissons, mais après un certain temps on ne peut plus se débarrasser de l'odeur.

— Chris Norwood était chargé de hacher les légumes ?

— Seulement quand nous étions débordés. Le reste du temps il faisait du nettoyage, contrôlait les arrivages, et servait de coursier.

Son ton était ferme. Il avait la voix de ceux qui n'ont personne à ménager.

— Vous dites qu'il contrôlait les arrivages ?

— Il comptait les sacs de légumes qui nous étaient livrés. Si le bon de livraison mentionnait vingt sacs d'oignons, son travail consistait à s'assurer qu'il y avait effectivement vingt sacs.

Il évalua le contenu de sa chope.

— Je pense que lui confier ce travail a été une folie. Remarquez, il ne faut pas être une lumière pour voler des sacs de carottes et d'oignons ; il ravitaillait une chaîne d'épiceries avec la complicité des chauffeurs de camion. Le livreur perdait des sacs en route, si vous voyez ce que je veux dire, et Chris Norwood en comptait vingt quand il n'y en avait plus que seize. Ils se partageaient les bénéfices. Ça existe dans toutes les boîtes, ce genre de combines, dans toutes les cuisines où j'ai travaillé. Mais Chris n'était pas un opportuniste comme les autres. Il ne pouvait pas s'empêcher de voler.

— Qu'est-ce qu'il ne pouvait pas s'empêcher de voler ?

Vince Akkerton termina sa chope et la posa ostensiblement sur la table. Je compris et commandai une autre bière. Lorsqu'il en eut consciencieusement étudié la mousse et absorbé une première gorgée, j'appris de quels larcins Chris Norwood s'était rendu coupable.

— Les employées du bureau affirment qu'il volait dans leurs sacs à main. Longtemps, elles ont accusé une femme qu'elles n'aimaient pas. Chris allait et venait tout le temps, pour leur apporter les bordereaux journaliers et leur faire le boniment. Un petit salaud imbu de lui-même.

J'étudiais son visage. Je décelais dans ses paroles une connaissance profonde de la vie. Il émanait de lui une aptitude innée au commandement : la capacité de jauger les hommes et de les faire travailler. Il me semblait que sans de tels individus rien n'eût jamais été réalisé.

— Quel âge avait Chris Norwood ?

— La trentaine. Comme vous. Difficile à dire exactement.

Il but.

— Quels ennuis vous a-t-il attirés ?

— Deux hommes sont venus chez moi. Ils cherchaient des choses qui lui appartenaient.

— Quel genre de choses ?

— Des bandes de programmation d'ordinateur.

Me serais-je exprimé en mongol que ma phrase n'aurait pas eu moins de sens pour lui. Il dissimula sa stupéfaction derrière sa chope et je me décidai à boire une gorgée de ma bière.

— Bien sûr, dit finalement Akkerton. Il y a un ordinateur, au bureau. On l'utilise pour connaître l'état des stocks et des commandes. Savoir combien il faut commander de canards, homards, ou même de graines de coriandre.

Il fit une pause, puis ajouta avec ironie :

— Les résultats sont faux la plupart du temps.

Une fois, toute une cargaison de dindes manquait à l'appel. Erreur de l'ordinateur, ont-ils dit. Avec ses carottes et ses oignons, Chris Norwood n'était qu'un amateur.

— Ces programmes se rapportaient aux courses de chevaux.

— Maintenant, je comprends mieux. Presque tout ce qui se passe dans cette ville a un rapport avec les chevaux. J'ai même entendu dire que l'équarrisseur fournissait la matière première de notre bœuf bourguignon. Mais c'est de la calomnie pure et simple.

— Chris Norwood était-il un joueur ?

— Ici, tout le monde parie. Sapristi, on ne peut pas vivre dans cette ville sans s'intéresser aux courses. C'est dans l'air, et c'est contagieux.

Cet entretien semblait ne mener nulle part ; je décidai de changer de sujet de conversation.

— Où a-t-il été tué ?

— Dans sa chambre. Elle lui était sous-louée par une veuve retraitée qui faisait des ménages, et à qui la municipalité avait attribué un de ses logements. Elle n'aurait pas dû prendre un sous-locataire. Le conseil municipal l'interdit. Et elle n'avait jamais déclaré ce genre de revenus à l'Assistance sociale qui lui servait des repas gratuits. Les histoires qu'on lui fait actuellement la rendent folle. C'est arrivé dans la rue juste à côté de celle où j'habite.

— Et que s'est-il passé, plus exactement ?

Il ne manifesta aucune réticence à me fournir de plus amples détails. Il semblait au contraire ravi.

— Elle a découvert le cadavre de Chris en allant faire sa chambre. Elle croyait qu'il était parti travailler, étant donné qu'elle quittait toujours l'appartement avant lui, le matin. Mais il était encore là. Beaucoup de sang, d'après ce qu'on raconte. J'ignore si c'est vrai, mais il paraît qu'il avait des balles dans les pieds et qu'il s'était complètement vidé de son sang.

— Seigneur...

— Il ne pouvait plus marcher, vous comprenez ? Pas de téléphone. Une chambre en retrait. Personne n'a pu lui venir en aide.

Je me sentais la gorge sèche.

— Et en ce qui concerne... ses affaires personnelles ?

— Je ne sais pas. Je crois que rien n'a été volé. Quelques objets étaient brisés et sa chaîne stéréo avait été farcie de balles. Tout comme lui.

Devrais-je aller voir les policiers chargés de l'enquête sur la mort de Chris Norwood, et leur parler de la visite des deux hommes qui avaient menacé de cribler de balles mon téléviseur, puis mes chevilles ?

— Quel jour le crime a-t-il été commis ?

— La semaine dernière. Le vendredi matin. Il n'est pas venu travailler. Ça tombait vraiment mal, car nous allions recevoir les navets et Norwood était chargé de les préparer et de les mettre dans le bac de lavage.

J'étais sidéré. Chris Norwood avait été assassiné le vendredi matin et c'est le *samedi après-midi* que j'avais lancé le pistolet de mes visiteurs dans le massif de roses. S'ils recherchaient toujours les bandes, cela signifiait qu'ils n'avaient pu les obtenir de leur victime. Si Norwood les avait eues en sa possession, il les leur aurait certainement données pour sauver sa peau. Ces programmes ne justifiaient pas un tel sacrifice. Je me souvins de mon insouciance face au pistolet, et j'en fus terrifié.

Vince Akkerton semblait estimer venu le moment d'être récompensé de ses efforts. J'essayais d'évaluer la somme que j'allais lui remettre, puis optai pour le minimum. Mais avant que j'aie pu ouvrir la bouche deux jeunes femmes entrèrent dans le café et se dirigèrent vers la table voisine. En apercevant Akkerton, l'une d'elles se rapprocha de notre table.

— Salut, Vince. Rends-nous un service. Commande-nous deux Coca au rhum, je te rembourserai demain.

— J'ai déjà entendu ce refrain. Mais aujourd'hui c'est mon ami qui paie.

Je réclamai sans rechigner les consommations de ces demoiselles, et ajoutai un demi pour moi. Akkerton m'expliqua qu'elles travaillaient dans les bureaux d'Angel Kitchens et qu'elles s'appelaient Carol et Janet. Elles attendaient en bavardant gaiement l'arrivée de leurs amis.

C'est avec indignation que la dénommée Carol me parla de Chris Norwood.

— Nous savions qu'il se servait dans nos sacs, mais nous ne pouvions rien prouver, comprenez-vous ? Nous venions de décider de lui tendre un piège, quand il s'est fait tuer. Je devrais ressentir du chagrin, mais ce n'est pas le cas. Il ne pouvait s'empêcher de voler tout ce qu'il voyait.

Akkerton se pencha vers moi.

— Janet travaille sur l'ordinateur. Vous devriez lui parler de ces bandes.

Janet se décida :

— J'ignorais qu'il possédait des bandes de programmation. Mais il rôdait toujours dans les parages. Son travail consistait à réunir les bordereaux journaliers de tous les services et à me les apporter. Il s'attardait toujours un peu pour m'interroger sur le fonctionnement de l'ordinateur, surtout ces derniers temps. Sans cet ordinateur, l'usine s'arrêterait de tourner.

— Quelle est sa marque ?

— Sa marque ?

Tous furent surpris par ma question, mais je connaissais déjà la réponse.

— Un Grantley.

Je cherchai à savoir si elle aurait permis à Chris Norwood d'utiliser l'ordinateur pour passer ses programmes personnels, s'il l'en avait priée gentiment. Après quelques instants d'hésitation, elle répondit qu'elle l'eût sans doute fait si elles n'avaient pas découvert qu'il leur volait de l'argent.

— Nous aurions dû le deviner il y a longtemps, dit Carol, mais c'est à peine s'il se cachait pour chaparder nos sandwiches et les fournitures de bureau. Nous avions fini par nous habituer.

— Personne ne s'est jamais plaint ?

— Pas officiellement, intervint Janet, car la maison n'aurait pas licencié un employé pour des vols aussi bénins. Cela aurait provoqué une grève générale.

— Sauf une fois. Tu te souviens, Janet, quand cette vieille femme est venue nous raconter que Chris l'avait volée ? Elle est passée trois fois au bureau, pour faire des histoires.

— Oui, mais il s'agissait seulement de vieux papiers. Ce n'était pas de l'argent ou des objets de valeur. Chris a répondu qu'elle perdait la tête. Il avait dû les mettre à la poubelle. Et les choses en sont restées là.

— Comment s'appelle cette vieille dame ?

Elles s'interrogèrent du regard. Elles ne s'en souvenaient plus.

Akkerton n'avait pas eu connaissance de cet incident. Personne, dans son service, n'avait entendu parler de cette dame.

Les amis des jeunes femmes firent alors leur apparition et il y eut une redistribution générale des places autour de la table. J'annonçai que je devais partir ; Akkerton me fit signe de l'attendre à l'extérieur.

— O'Rorke ! s'exclama brusquement Carol.

— Quoi ?

— Le nom de cette femme. Je me rappelle. Mme O'Rorke, une Irlandaise. Elle payait Chris pour rentrer le bois de chauffage et effectuer les travaux trop pénibles.

— Je présume que vous avez oublié où elle habite ?

— C'est si important ? Elle a fait beaucoup d'histoires pour rien.

— Essayez de vous souvenir...

Elle se concentra tout en surveillant son ami qui se montrait un peu trop prévenant envers Janet.

— Stetchworth ! Elle se plaignait du prix du taxi. A dire vrai, nous avons été heureuses d'être débarrassées d'elle. C'était une insupportable râleuse, mais nous ne pouvions pas l'envoyer promener. Elle venait de perdre son mari.

— Merci beaucoup.

— Je vous en prie...

Elle alla s'asseoir entre son ami et Janet, et je sortis avec Akkerton.

Il regarda avec fatalisme la somme que je lui remis, et me demanda d'écrire mon nom et mon adresse sur un morceau de papier, au cas où il se souviendrait d'autres détails. Je déchirai une page de mon agenda, notai mes coordonnées, et lui remis la feuille en pensant que ce geste signait la fin de notre accord. Mais, lorsque je lui eus serré la main et que je me fus éloigné de lui, il me rappela :

— Un moment !

Je me retournai.

— Est-ce que vous en avez eu pour votre argent ?

Plus que je n'avais espéré, pensai-je.

— Oui, je crois, mais je ne peux pas encore avoir de certitude.

Il marmonna quelque chose, puis, d'un geste un peu gauche, il me tendit la moitié des billets.

— Tenez, reprenez ça. J'ai vu ce que contenait votre portefeuille, dans le café. Vous êtes presque à sec. Ça ira comme ça.

Il plaça dans ma main l'argent que je repris avec gratitude.

— Les enseignants sont des pauvres gens tyrannisés et mal payés.

Il interrompit d'un geste mes remerciements et retourna à ses bières.

6

Grâce au plan de la ville, et en dépit des indications fantaisistes que me fournirent quelques passants, je réussis à découvrir le logis de Mme O'Rorke. Je virai dans l'allée et coupai le contact. Puis j'examinai la maison qui se dressait devant moi.

C'était une grande bâtisse délabrée, aux murs recouverts de vigne vierge qui tendait ses vrilles jusqu'au toit d'ardoise et sur les cadres de fenêtres. Sous la douce clarté de cette fin d'après-midi, le jardin ressemblait à un parc en friche. Un immense lilas blanc dissimulait presque entièrement la porte d'entrée.

Je n'entendis pas la sonnette sur laquelle j'appuyai à deux reprises. J'utilisai le heurtoir, en vain. Alors que je reculais de quelques pas, levant la tête vers les fenêtres, je perçus une voix sévère qui s'élevait derrière l'arbuste.

— Saint-Antoine ?

— Heu, non...

Je découvris dans l'encadrement de la porte une femme âgée, l'air égaré.

— Vous venez pour la kermesse ?

— Quelle kermesse ?

— Celle de la paroisse.

— Oh, la kermesse...

Elle me fixa comme si j'étais un demeuré.

— Si vous cueillez les pivoines aujourd'hui, dit-elle, elles seront fanées avant samedi.

Malgré son fort accent irlandais, elle semblait posséder une certaine éducation. Ses propos équivalaient à un renvoi. Elle était sur le point de refermer la porte.

— Je vous en prie. Montrez-moi où sont les pivoines... pour que je puisse les cueillir... samedi.

Elle réfléchit un moment, puis s'extirpa des branches du lilas pour me révéler sa frêle silhouette. Elle était vêtue d'un tricot couleur rouille, d'un pantalon bleu marine et chaussée de pantoufles à carreaux roses et verts.

— Derrière la maison.

Elle me toisa de haut en bas, mais ne dut rien découvrir de suspect car elle ajouta :

— Par ici.

Nous contournâmes la maison par une allée dallée de pierres et bordée de massifs de fleurs fanées. Nous passâmes devant une pile de bûches puis une serre où se dressaient les tiges desséchées d'innombrables géraniums. Après avoir emprunté un étroit passage à l'intérieur d'une haie vigoureuse, nous atteignîmes le fouillis anarchique d'un second jardin.

— Les pivoines.

De grosses fleurs roses, pourpres et blanches émergeaient d'un fouillis de feuilles mordorées.

— Elles sont magnifiques. Il doit y en avoir des milliers...

La vieille femme regarda autour d'elle sans manifester le moindre intérêt.

— Elles repoussent chaque année. Pour Liam, il n'y en avait jamais assez. Vous pourrez en prendre autant que vous voudrez.

— Heu... Il faut que je vous avoue que je ne suis pas venu pour la fête paroissiale.

Elle me fixa, stupéfaite.

— Alors, pourquoi avez-vous tenu à voir les pivoines ?

— Je désirais vous parler. Vous empêcher de rentrer à l'intérieur et de me claquer la porte au nez, avant que vous n'appreniez le but de ma visite.

— Jeune homme, je n'ai pas l'intention d'acheter quoi que ce soit, je ne donne rien pour les œuvres de bienfaisance et la politique me dégoûte. Alors, que voulez-vous ?

— Apprendre certaines choses au sujet des papiers que Chris Norwood vous a volés.

Sa bouche s'ouvrit. Elle me dévisagea et se mit à trembler.

— Je vous en prie, n'ayez pas peur. Je ne vous veux aucun mal. Vous n'avez aucune raison d'être effrayée.

— Je ne suis pas effrayée. Je suis en colère.

— Chris Norwood vous a volé certains documents, n'est-ce pas ?

— Les notes de Liam.

— Et vous êtes allée vous plaindre chez Angel Kitchens.

— La police ne faisait rien. Absolument rien. Je me suis rendue chez Angel Kitchens dans l'espoir d'obliger cet individu à me remettre mon bien. Mais les employées m'ont répondu qu'il était absent. Ces petites idiotes mentaient, je le sais.

— Calmez-vous, je vous en prie. Allons nous asseoir... Je peux peut-être vous aider.

— Je ne vous connais pas. Ce ne serait pas prudent.

Elle me fixa pendant quelques secondes et je perdis tout espoir. Finalement, elle pivota et s'éloigna dans l'allée. Je lui emboîtai le pas à contrecœur, conscient d'avoir été maladroit. J'avais perdu, pensai-je. Elle disparaîtrait bientôt derrière son lilas et fermerait sa serrure à double tour.

Je fus à la fois surpris et soulagé de la voir s'arrêter devant la porte.

— Entrez. Je crois que je peux vous faire confiance. Vous avez l'air honnête, je cours le risque.

L'intérieur était obscur et sentait le renfermé. De sa démarche silencieuse, elle me précéda le long d'un étroit corridor.

— Les femmes seules et âgées ne devraient jamais laisser des inconnus entrer chez elles.

Elle ne s'était pas tournée vers moi ; j'estimai que ce reproche s'adressait à elle-même. Nous passâmes devant plusieurs portes closes, jusqu'au point où le couloir débouchait sur un grand hall central éclairé par des vitraux.

Elle remarqua mon intérêt et précisa :

— Édouard VII.

Je la suivis dans un vaste salon. D'immenses tapis recouvraient une moquette gris argent, et des rideaux de velours bleu assortis au canapé et aux fauteuils pendaient aux fenêtres. De nombreux tableaux étaient accrochés aux murs. Uniquement des marines : voiles enflées, quatre-mâts, tempêtes, mouettes et embruns.

— Liam. Mon mari. C'est lui qui les a achetées.

Elle me désigna un fauteuil.

— Asseyez-vous. Dites-moi qui vous êtes, et quelle est la raison de votre visite.

Elle gagna le canapé qu'elle devait occuper avant mon arrivée, à en juger par le livre et le verre posés sur une petite table toute proche.

Je lui expliquai que je soupçonnais Chris Norwood d'avoir remis les notes de son mari à mon ami Peter, afin qu'il établisse des programmes destinés à un ordinateur, et précisai que Peter avait effectué ce travail et enregistré ces programmes sur des bandes magnétiques.

D'un geste, elle écarta les précisions d'ordre technique pour entrer dans le vif du sujet.

— Voulez-vous dire que votre ami détient les notes de mon mari ?

— Non. J'ignore où elles peuvent être.

— Demandez-le à votre ami !

— Il a eu un accident. Il est mort.

— Oh...

Elle me fixa, déçue.

— Je sais par contre où sont les bandes... ou du moins leurs copies. Si leur contenu vous appartient, je vous les remettrai.

Son expression trahissait un mélange d'espoir et de perplexité.

— Ce serait merveilleux. Mais, ces bandes, les avez-vous apportées ?

— J'ignorais votre existence voici seulement une heure. C'est l'employée d'Angel Kitchens, une certaine Carol, qui m'a parlé de vous.

— Oh oui, dit Mme O'Rorke, embarrassée. Je me suis un peu emportée... J'étais tellement furieuse. Elle refusait de me dire où je pourrais dénicher Chris Norwood dans tous ces bâtiments et ces hangars. J'ai même juré que j'arracherais les yeux de ce misérable. J'ai un tempérament irlandais, voyez-vous, et je ne parviens pas toujours à me contrôler.

J'imaginai la scène et estimai que Carol et Janet avaient été charitables en me racontant qu'elle avait « fait des histoires ».

— Le problème, c'est que d'autres personnes veulent ces bandes.

Je lui fournis une version édulcorée de la visite des tueurs. Elle m'écouta avec attention, interdite.

— J'ignore qui sont ces hommes et d'où ils viennent, mais je commence à croire que mon ignorance pourrait devenir dangereuse et c'est pourquoi j'essaie d'en savoir davantage.

— Et si vous y parvenez ?

— Je saurai ce que je ne dois pas faire. Je ne voudrais pas agir de façon inconsidérée.

Elle me fixa longuement ; je la vis sourire pour la première fois.

— Jeune homme, vous souhaitez découvrir le secret qui échappe à l'*homo sapiens* depuis l'aube des temps.

Considérant ma surprise, elle ajouta sèchement :

— L'âge ne rend pas stupide. Pourquoi une personne intelligente perdrait-elle ses facultés au fil des ans ?

— Je vous ai sous-estimée.

— Vous n'êtes pas le seul. Quand je me regarde dans un miroir, je vois un visage décrépit.

Des rides. Un teint bilieux. Dans la société actuelle, une telle apparence vous relègue aussitôt dans la catégorie des personnes séniles.

— Non, c'est faux.

— A moins, naturellement, qu'on ait réussi dans la vie, ajouta-t-elle comme si je n'avais rien dit. La réussite est le salut des personnes âgées.

— Et vous n'entrez pas... dans cette catégorie ?

— Hélas ! Non. Je possède une certaine intelligence, mais c'est tout. Cela ne m'est d'aucune utilité et ne me met pas à l'abri de la colère. Je vous prie d'excuser ma réaction, dans le jardin.

— Le vol est une agression. Votre colère était légitime.

— Je vais vous dire tout ce que je sais. Et j'espère que cela vous évitera de poursuivre Moïse dans la mer Rouge... Que savez-vous sur les courses de chevaux ?

— Pas grand-chose.

— Ce n'était pas le cas de Liam. Toute sa vie a été marquée par les chevaux. En Irlande, quand nous étions enfants, puis en Angleterre. Newmarket, Epsom, Cheltenham, voilà où nous avons vécu avant de revenir nous installer ici.

— En raison de ses activités professionnelles ?

— Dans un sens. Liam était un joueur. Un joueur professionnel. Grâce à ses gains, nous n'avons jamais manqué de rien. Je vis encore sur ce qu'il m'a laissé.

— Je n'aurais jamais cru cela possible.

— Miser à coup sûr ?

Je fus choqué de l'entendre parler de jeu avec une telle assurance. Je comprenais qu'elle avait raison de dire que l'on enfermait les personnes âgées dans des catégories arbitraires.

— Autrefois, il était facile de gagner convenablement sa vie aux courses, ajouta-t-elle. Beaucoup de personnes y arrivaient. On pouvait compter sur dix pour cent de profit, à condition d'avoir un peu de bon sens. Puis ils ont taxé les paris. Cette taxe a réduit la marge de profit pratiquement à zéro et entraîné la disparition de la plupart des joueurs professionnels. Les dix pour cent qui constituaient leurs gains allaient désormais à l'État, comprenez-vous ?

— Oui.

— Mais Liam a toujours gagné plus de dix pour cent. C'était sa fierté. Il estimait pouvoir jouer le bon cheval dans une course sur trois. Malgré la taxe, il a continué à réaliser d'importants profits. Il expérimentait de nouvelles méthodes, faisait intervenir de nouveaux facteurs. Il affirmait qu'avec son système de statistiques on finissait toujours par être gagnant. Aucun bookmaker ne prenait plus ses paris.

— Comment cela ?

— Vous ne le saviez pas ? Les books refusent les mises de ceux qui gagnent toujours.

— Mais je croyais qu'ils étaient là pour prendre les paris de tous ?

— Ceux des parieurs ordinaires, oui. Ces gogos qui gagnent de temps en temps et sont toujours perdants en fin de compte. Mais, si vous ouvrez un compte chez un bookmaker et que vous gagnez tout le temps, il ne tardera pas à refuser vos mises.

— Seigneur !

— Sur les champs de courses, tous les books connaissaient Liam. Ils le laissaient miser à la cote de départ, puis ils se passaient le mot et ramenaient le cheval à une cote ridiculement basse pour limiter les gains de Liam, dissuader les autres parieurs de jouer ce cheval, et inciter les gogos à risquer leur argent sur un autre concurrent.

Elle fit une pause, comme pour me permettre d'assimiler ce qu'elle venait de dire, puis ajouta :

— Liam et les books se livraient une véritable guerre, dont il sortait toujours vainqueur. Même si la plupart du temps les books l'ignoraient.

— Que voulez-vous dire ?

Elle soupira :

— Cela représentait un travail énorme. Nous avions un jardinier. Un véritable ami. Il vivait ici. Sa chambre se trouvait au bout du couloir que nous avons emprunté pour entrer. Comme il aimait se promener, il prenait la voiture et se rendait de ville en ville pour miser l'argent de Liam dans les bureaux de paris. Seulement des petites sommes. Quand le cheval gagnait, ce qui était presque toujours le cas, il reprenait sa tournée, encaissait l'argent et nous le rapportait. Dan et Liam comptaient ensuite les gains. Un tiers pour notre ami, autant pour le fond de roulement, et le reste pour nous. Plus de taxes à payer, et pas d'impôts sur le revenu. Nous avons vécu ainsi pendant longtemps, et, comme vous pouvez le constater, nous n'étions pas à plaindre.

Elle se tut à l'évocation de son passé.

— C'est alors que Liam est mort ?

— Dan est mort avant lui. Il y a dix-huit mois, peu avant Noël. Il n'est resté malade qu'un mois. Tout s'est passé si vite... Nous n'avons pris conscience de la gravité de sa disparition que lorsque... Tant qu'il vivait avec nous, nous ignorions à quel point nous dépendions de lui. Il faisait tous les travaux pénibles, s'occupait du jardin. Liam avait quatre-vingt-six ans, et j'en ai quatre-vingt-huit. Mais Dan était plus jeune, la soixantaine. Toujours à plaisanter. Il nous a beaucoup manqué.

A l'extérieur, le rougeoiement du soleil avait abandonné les pivoines, dont les couleurs s'estompaient en une teinte uniformément grise. J'écoutais la vieille femme qui me racontait les moments les plus difficiles de son existence et dissipait le brouillard qui obscurcissait la mienne.

— Nous aurions dû remplacer Dan, mais à qui accorder notre confiance ? L'année dernière, Liam a tenté de faire lui-même le tour des bureaux de paris de villes comme Ipswich et Colchester, où il n'était connu de personne. Mais les déplacements l'épuisaient. Il a dû arrêter. Nous avions de l'argent de côté. Nous avons décidé de vivre sur ce pécule. Et puis, cette année, un homme que nous connaissions de nom, mais que nous n'avions jamais rencontré, est venu proposer à Liam d'acheter sa méthode, en échange d'une somme importante.

— Et c'est cela que Chris Norwood vous a volé, n'est-ce pas ?

— Pas exactement. Voyez-vous, il était inutile que Liam porte sa méthode par écrit. Il l'avait déjà fait, longtemps auparavant. Elle était fondée sur les statistiques, et il la mettait régulièrement à jour. Après tant d'années, il pariait avec trente-trois pour cent de chances de réussite dans près d'un millier de courses.

Elle fut ébranlée par une brusque quinte de toux et tendit sa main frêle vers le verre posé sur la table. Elle but quelques gorgées d'un breuvage jaunâtre.

— Je suis désolé...

Elle s'ébroua, but de nouveau, puis reposa le verre.

— C'est si agréable de parler. Je suis heureuse que vous m'en donniez l'occasion. Je vois si peu de gens. Liam me manque. Nous bavardions sans cesse, même s'il était difficile à vivre. Quand il avait une chose en tête, il ne pensait à rien d'autre. Toutes ces marines... Il ne cessait d'en acheter et cela me rendait folle. Mais à présent je ne peux me décider à les enlever.

— Il n'y a pas très longtemps qu'il est mort, n'est-ce pas ?

— Le 1er mars... quelques jours après la visite de M. Gilbert. C'est lui qui voulait acheter la méthode. Liam était assis là...

Elle désigna l'un des fauteuils.

— Je suis allée préparer du thé. A mon retour, il dormait... Enfin, je croyais qu'il dormait.

— Pardonnez-moi...

— Non, il n'a pas souffert... Je suis heureuse qu'il m'ait quittée ainsi. Nous étions tous deux épouvantés à la perspective de mourir dans un hôpital, bardés de sondes. Si j'ai de la chance, je mourrai ici, comme lui. Cette pensée me réconforte, comprenez-vous ?

Je comprenais, même si je n'avais jamais encore considéré la mort comme une visiteuse dont il faut souhaiter la venue pendant le sommeil.

— Si vous désirez boire quelque chose, il y a une bouteille et des verres, dans le placard, me dit-elle sur le même ton détaché.

— Je suis en voiture...

Elle n'insista pas.

— Voulez-vous que je vous parle de M. Gilbert ? Harry Gilbert ?

— Oui, merci. Si cela ne vous fatigue pas trop.

— Je vous l'ai dit. Parler est pour moi un plaisir.

Elle réfléchit. Sa tête était inclinée et ses cheveux blancs formaient un halo duveteux autour de son visage ridé.

— Cet homme possède des salles de loto.

Pour la première fois, je perçus du mépris dans sa voix.

— Vous n'approuvez pas le loto ?

— C'est bon pour les gogos. Le pur hasard, aucun calcul.

— Mais nombreux sont ceux qui aiment ce jeu...

— Et qui paient cher cet engouement. Comme les turfistes du dimanche. Leurs gains sont dérisoires, compte tenu de leurs pertes.

Toujours la même chose, pensai-je avec amusement : l'opinion peu flatteuse du professionnel sur l'amateur.

Cependant, M. Gilbert n'avait rien d'un amateur.

— Le loto a fait sa fortune, précisa Mme O'Rorke. Il est arrivé en Rolls et a déclaré qu'il achetait une chaîne de bureaux de paris. Il voulait obtenir la méthode de Liam afin de devancer les gogos.

Je souris :

— Considérez-vous toujours les parieurs comme des gogos ?

— M. Gilbert offrait à Liam beaucoup d'argent. Une somme suffisante pour nous permettre de vivre dans l'aisance le reste de nos jours. Liam a accepté. C'était une sage décision. Il y a naturellement eu de longues discussions au sujet du prix. Ils ont passé presque une semaine à se faire des propositions et des contre-propositions au téléphone, avant que l'affaire ne soit finalement conclue.

Elle fit une pause.

— Mais Liam est mort avant de pouvoir remettre ses notes et recevoir l'argent. M. Gilbert m'a alors téléphoné pour me présenter ses condoléances et me demander si l'affaire tenait toujours. J'ai répondu par l'affirmative, soulagée de savoir que je n'aurais plus de soucis financiers, comprenez-vous ?

— Oui.

— Et c'est alors que ce maudit Chris Norwood a volé les notes de Liam dans son bureau ! Une vie de travail...

Elle tremblait. Plus que la valeur des documents, c'est le larcin de Norwood qui la mettait hors d'elle.

— Nous étions heureux qu'il ait accepté de rentrer le charbon et les bûches, et de faire quelques autres travaux. Je le soupçonnais de se servir dans mon sac à main, mais je ne savais jamais précisément combien j'avais sur moi... Et puis Liam est mort.

Elle baissa les paupières, pour combattre sa nervosité.

— N'en dites pas davantage. Je comprends...

Elle rouvrit les yeux.

— Si, si... M. Gilbert est venu chercher les notes de Liam. Il m'a remis l'argent. Des liasses de billets, dans un attaché-case. Il m'a dit de les dépenser et de ne pas les placer, pour éviter des ennuis avec le fisc. Il a ajouté que si j'étais un jour à court d'argent il m'en donnerait encore, mais que cette somme devrait me permettre de subvenir à tous mes besoins pendant plusieurs années. Puis il est allé dans le bureau de Liam afin de prendre ses notes, mais elles avaient disparu. La veille, je les avais rangées dans un grand classeur ; c'était une pile de feuilles couvertes de l'écriture illisible de Liam. Il n'avait jamais appris à taper à la machine et notait tout à la main. En dehors de Mme Urquart, seul Chris Norwood était entré dans le bureau...

— Qui est cette Mme Urquart ?

— La personne qui fait le ménage. Ou plutôt qui le faisait. Trois jours par semaine. Elle ne peut plus venir, car elle a des ennuis avec les services de l'Assistance sociale, la pauvre femme.

Je me rappelai cette phrase d'Akkerton : « ... elle n'avait jamais déclaré ce genre de revenus... »

— C'est bien chez Mme Urquart que logeait Chris Norwood, n'est-ce pas ?

— Oui, c'est exact.

Elle fronça les sourcils.

— Comment le savez-vous ?

— Une simple déduction.

Je me remémorai les explications que je lui avais fournies pour justifier ma visite, et je pris un peu tard conscience d'avoir tenu pour acquis ce qui ne l'était peut-être pas.

— Chris Norwood...

— Je voudrais pouvoir étrangler ce misérable.

— Mme Urquart ne vous a pas dit... ce qui s'est passé ?

— Elle m'a téléphoné pour m'annoncer qu'elle ne pourrait plus venir. Elle semblait bouleversée. C'était samedi matin, la semaine dernière.

— Elle ne vous a rien dit d'autre ?

— Nous n'étions plus en très bons termes, depuis que Chris Norwood avait volé les notes de Liam : elle était sur la défensive, presque agressive. Mais elle avait autant besoin d'argent que moi de ses services, et elle savait qu'elle pouvait compter sur ma discrétion.

Je reportai mon attention sur les pivoines, dont les teintes se fondaient à présent dans la nuit, et j'hésitais à lui parler de l'assassinat de Chris Norwood. Je décidai de m'en abstenir, car apprendre le meurtre d'une personne qu'elle connaissait (même si elle la haïssait) aurait pu l'ébranler gravement. Je ne voulais pas effrayer une femme âgée vivant seule dans une aussi grande demeure.

— Lisez-vous les journaux ?

Ma question parut la dérouter.

— Rarement. J'ai encore de bons yeux, mais je préfère les livres écrits en gros caractères.

Elle désigna l'épais volume rouge et noir posé sur la table.

— Je ne lis rien d'autre, pas même les articles consacrés au turf. Je me contente d'apprendre les résultats par la télévision.

— Seulement les résultats ? Vous ne suivez pas les courses elles-mêmes ?

— Pour Liam, regarder les courses était la méthode de pari des gogos. « Prends connaissance des résultats, me disait-il, et sers-t'en pour calculer les probabilités. » C'est devenu une habitude.

Elle tendit le bras pour actionner l'interrupteur de la lampe posée sur la table ; la lumière relégua les pivoines dans les ténèbres et creusa le tracé de ses rides.

Je regardai ce visage émacié, ces grands yeux intelligents, ces cheveux blancs dépeignés. Puis je suggérai à Mme O'Rorke de vendre à M. Gilbert les bandes de programmation que j'avais l'intention de lui remettre.

— C'est ce que j'ai immédiatement pensé faire, tout à l'heure, quand vous m'avez proposé de me les donner, même si je ne comprends pas vraiment de quoi il s'agit. J'ignore tout de l'informatique.

Je pensai qu'elle avait pourtant épousé un véritable ordinateur.

— Ce sont de simples cassettes. Les mêmes que pour un magnétophone.

Elle réfléchit un instant, sans détacher le regard de ses mains.

— En échange d'une commission, consentiriez-vous à traiter pour moi ? Je suis moins adroite que Liam et le marchandage réclame beaucoup d'énergie.

— Vous croyez que M. Gilbert ne vous verserait pas la somme convenue ?

— Je ne sais pas. L'affaire a été conclue il y a trois mois, et à présent ce ne sont pas les notes elles-mêmes que je vends, mais des cassettes. Je ne sais pas. Je crains de me faire escroquer. Mais vous, vous savez ce que sont ces bandes. Vous êtes mieux placé que moi pour lui parler.

Elle sourit.

— Une commission honorable, jeune homme. Dix pour cent.

J'acceptai aussitôt, et elle me communiqua l'adresse et le numéro de téléphone de Harry Gilbert. Elle ajouta qu'elle me laissait carte blanche. Je n'aurais qu'à revenir la voir après la transaction, pour lui apporter l'argent. Elle me remettrait ma part, et l'affaire serait réglée.

— Vous me faites confiance ?

— Si vous me volez, cela ne changera rien à ma situation actuelle.

Elle me raccompagna jusqu'à la porte dissimulée par les branches de lilas, où je pris congé d'elle après avoir serré sa main si frêle.

La mer Rouge s'ouvrait devant Moïse. Déjà, il s'y engageait.

7

Je renonçai à de nombreuses heures de sommeil pour corriger les devoirs des élèves de terminale, et, le jeudi, j'eus beaucoup de mal à assurer mes cours.

Ted Pitts n'était pas venu travailler. J'allai me renseigner auprès de Jenkins, qui me répondit que son maître assistant avait une laryngite, ce qui entraînait un bouleversement désastreux de l'emploi du temps de la section de mathématiques.

— Quand doit-il revenir ?

Jenkins ricana sans raison, par simple habitude.

— La femme de Pitts a téléphoné pour dire qu'il avait perdu la voix. Il reviendra lorsqu'il l'aura récupérée.

— Pourriez-vous me communiquer son numéro de téléphone ?

— Il n'a pas le téléphone. Il prétend qu'il ne peut pas s'offrir ce luxe.

— Son adresse ?

— On vous la donnera au bureau. Vous ne voudriez tout de même pas que je me souvienne de l'adresse de tous mes assistants ?

Je profitai de la pause du matin pour aller voir

le secrétaire. Il n'était pas dans son bureau. C'est au beau milieu de l'un de mes deux derniers cours qu'une évidence s'imposa à moi : si je n'expédiais pas les cassettes aujourd'hui même, elles n'arriveraient jamais à destination le samedi ; or, si aucune cassette n'était parvenue ce jour-là au bureau de poste central de Cambridge, je risquais de recevoir une visite encore plus discourtoise de l'homme au Walther.

Je sortis du collège pour aller acheter trois cassettes vierges dans le magasin le plus proche. Elles correspondaient tout à fait à ce que je désirais, même si ce n'étaient pas des bandes digitales. Puis j'allai voir l'un des collègues de Ted Pitts, et le priai de m'aider à utiliser l'ordinateur.

— D'accord, mais pas plus de dix minutes. Juste après les cours. Et vous ne direz rien à Jenkins, n'est-ce pas ?

— Jamais, je le jure !

Je l'entendis rire alors que je me dirigeais déjà vers la cabine téléphonique du hall d'entrée. J'appelai le poste de police de Newmarket et demandai à parler à la personne chargée d'enquêter sur le meurtre de Chris Norwood.

J'appris qu'il s'agissait du commissaire Irestone, mais que celui-ci s'était absenté. Non, je ne voyais aucun inconvénient à m'adresser au brigadier Smith. Après quelques cliquetis, un homme à l'accent du Suffolk s'informa de ce qu'il pouvait faire pour moi.

J'avais soigneusement préparé ma déclaration, mais j'éprouvai malgré tout des difficultés à m'exprimer.

— Je crois savoir pourquoi Chris Norwood a été tué, et qui est son assassin. Mais je peux me tromper et il s'agit simplement...

— Votre nom, monsieur ? Et votre adresse ? Peut-on vous y joindre ? A quel moment de la journée ? Le commissaire Irestone vous contactera directement. Merci d'avoir appelé.

Je raccrochai, légèrement inquiet : le brigadier Smith avait assimilé avec une rapidité exceptionnelle le sens de mon propos, il pouvait tout aussi bien avoir employé la réponse toute faite destinée aux importuns qui téléphonaient à la police pour exposer leurs théories fantaisistes. Dans un cas comme dans l'autre, il me restait juste le temps de m'offrir un bifteck haché au réfectoire avant de regagner ma classe.

A quatre heures, je fus retardé par Louisa qui jugeait inadmissible que mes élèves eussent abandonné les appareils sur leurs tables ; je m'élançai à travers les couloirs interdits aux élèves, puis dévalai l'escalier, rongé par la crainte que le collègue de Ted Pitts, lassé de m'attendre, fût rentré chez lui.

Je me sentis soulagé de le trouver assis devant l'ordinateur, en train d'abattre de petites cibles avec l'enthousiasme d'un enfant.

Je désignai l'écran.

— Qu'est-ce ?

— La « Bataille spatiale ». Vous voulez essayer ?

— Ce jeu est à vous ?

— C'est Ted Pitts qui a écrit ce programme pour distraire les gosses.

— Est-il en BASIC ?

— Bien sûr. BASIC, graphisme et caractère spéciaux.

— Pourriez-vous le lister ?

— Sûrement. Il ne l'a pas mis en ROM, puisqu'il s'en servait pour enseigner.

— Que veut dire ROM ?

— Mémoire morte. Lorsqu'un programme est en ROM, on ne peut pas le lister, seulement le passer.

Il appuya sur la touche LIST, et d'innombrables instructions défilèrent sur l'écran.

— Voilà.

Les derniers éléments du programme venaient de s'immobiliser.

410 RESET (RX, RY) : RX = RX-RA : RY : RY-8

420 IF RY〉/2 SET (RX, RY) : GOTO 200

430 IF ABS (1*8-RX)〉/4 THEN 150

460 FOR Q = 1 TO 6 : PRINT (a) 64 + 4*V, « **** » ;

Je ne doutais pas un seul instant que ce charabia eût sur Ted Pitts le même effet qu'un recueil de poèmes. Je tendis mes cassettes à son collègue.

— Pourriez-vous enregistrer quelque chose sur ces bandes ? N'importe quoi. Elles doivent servir à... une démonstration.

Comme il semblait juger plausible mon explication, je lui demandai :

— Croyez-vous que Ted serait mécontent, si je reproduisais son jeu ?

— Je ne pense pas. Deux ou trois élèves en ont déjà fait des copies.

Il prit les cassettes.

— Une fois sur chaque bande ?

— J'aimerais qu'il soit répété sur toute la longueur de chaque face.

— Mais ça ne rime à rien !

Je cherchai désespérément une explication à lui fournir.

— C'est pour faire une démonstration de recherche de programmes.

— Oh, d'accord.

Il consulta sa montre.

— Je vous aurais volontiers laissé vous débrouiller seul, mais Jenkins est furieux quand ce n'est pas l'un de ses assistants qui arrête l'ordinateur et ramène la clé de cette pièce dans la salle des professeurs. Le problème, c'est que je ne vais pas pouvoir rester très longtemps.

Il glissa la première cassette dans l'enregistreur, inscrivit CSAVE « A » et enfonça la touche ENTRÉE. Lorsque l'écran annonça PRÊT, il écrivit CSAVE « B », CSAVE « C », et ainsi de suite, jusqu'au moment où la première face de la bande fut occupée d'un bout à l'autre par des répétitions du programme de la « Bataille spatiale ».

— Ça prend un temps fou, marmonna-t-il.

— Et si vous n'enregistriez qu'une seule face de chaque bande ?

— D'accord.

Il avait fini d'enregistrer une face de la seconde bande et atteignait le milieu de la dernière, lorsque l'impatience eut finalement raison de lui.

— Écoutez, Jonathan, ça suffit. Il y a longtemps que les dix minutes sont écoulées. Je vous ai consacré près d'une heure.

— Je vous dois beaucoup.

— Un de ces jours, je ferai appel à vous pour les activités de plein air.

Je récupérai les cassettes. Remplacer un collègue pour les activités de plein air était la monnaie d'échange habituelle pour rétribuer les services rendus.

— Merci beaucoup.

— A votre service.

Pendant qu'il partait rendre la clé, je regagnai ma voiture et glissai les cassettes dans une enveloppe que je portai à la poste. J'avais écrit du côté de chaque face enregistrée : « Face à passer en premier. »

C'était le jour de la réunion des parents d'élèves. J'allai chercher une tranche de pâté en croûte et une bière, puis je corrigeai des copies dans la salle des professeurs. Entre vingt et vingt-deux heures, j'assurai aux parents que leurs enfants faisaient des prodiges ; la plupart des membres du corps enseignant faisaient de même — notre présence à ce genre de réunion était pratiquement obligatoire. Les parents de Paul Arcady désiraient savoir si leur fils pourrait devenir un scientifique et se consacrer à la recherche.

— Son esprit et son style le mèneront loin.

— Il aime beaucoup vos cours.

Ce n'était pas le cas de tous mes élèves, à en croire d'autres parents qui me déclarèrent avec agressivité :

— Mon fils perd son temps, dans votre classe.

Apaisements, approbations, suggestions, sourires et, surtout, manifestations d'intérêt. Ces réunions étaient utiles, mais épuisantes après une longue journée de cours. Je rentrai chez moi avec l'intention de me coucher aussitôt, mais la sonnerie du téléphone m'en empêcha.

— Où étais-tu ?

C'était Sarah, en colère.

— Réunion de parents d'élèves.

— J'ai également passé toute la journée d'hier à tenter de te joindre.

— J'en suis désolé...

— As-tu pensé à arroser les plantes vertes ?

— Euh, non...

— Tu es toujours aussi négligent.

— C'est vrai.

— Arrose-les tout de suite. Et ne remets pas cette corvée à plus tard.

C'est le sens du devoir qui me dicta cette question :

— Et comment va Donna ?

— Déprimée.

Cette concision indiquait que le sujet était clos.

— Et n'oublie pas le croton de la chambre d'amis.

Elle avait ajouté cela sur un ton acerbe. Je raccrochai en prenant conscience que je redoutais son retour. Cette pensée m'attrista. Je l'avais beaucoup aimée et c'était la première fois que j'envisageais sérieusement de divorcer. Cette hypothèse ne m'inspira aucun regret, aucun sentiment de culpabilité. Je me sentais seulement soulagé.

Huit heures du matin. Je préparais du café et des tartines lorsque le téléphone sonna. Cette fois, c'était un policier à l'accent londonien.

— Vous nous avez téléphoné pour nous communiquer des hypothèses concernant le meurtre de Christopher Norwood.

— Ce ne sont pas des hypothèses. Il s'agit... d'une coïncidence.

J'avais eu le temps de préparer une déclaration succincte.

— Christopher Norwood a prié l'un de mes amis, Peter Keithly, de lui établir des programmes d'informatique. Mon ami les a préparés et enregistrés sur des cassettes qu'il m'a remises. Samedi dernier, deux hommes sont venus chez moi et m'ont réclamé ces bandes, en brandissant un pistolet. Ils ont menacé de cribler de balles mon téléviseur et ensuite mes chevilles, si je ne les leur remettais pas. Est-ce que cela vous intéresse ?

Il y eut un silence, puis le policier répondit :

— Veuillez patienter un instant, monsieur.

Je bus une gorgée de café et attendis. Finalement, une voix plus grave m'engagea à répéter ce que je venais de dire.

— Il est préférable que je vienne vous voir. Où êtes-vous ?

Comme je ne pouvais annuler mes cours, le policier m'annonça qu'il serait à Twickenham vers seize heures trente.

Il arriva avant moi et sortit de son véhicule banalisé alors que je me garais. C'était un homme trapu, aux traits anguleux, qui ne devait pas avoir l'habitude de perdre son temps avec des illuminés.

— Monsieur Derry ?

— Oui.

— Commissaire Irestone.

Il me présenta sa carte de police.

— Et voici l'inspecteur Robson.

Il désignait le véhicule, d'où sortit un homme vêtu comme lui d'un pantalon gris et d'une veste légère.

— Pouvons-nous entrer ?

— Naturellement.

Je les guidai à l'intérieur.

— Voulez-vous du café... ou du thé ?

Ils refusèrent et Irestone alla droit au but. Le récit de mon enquête à l'usine Angel Kitchens et chez Mme O'Rorke sembla les intéresser vivement. Irestone me posa de nombreuses questions. Il voulait savoir en particulier comment j'avais réussi à convaincre les tueurs de repartir les mains vides.

— Je venais de prêter les bandes à un ami, et j'ai dit à ces hommes que je les récupérerais et que je les leur expédierais par la poste. J'ai été soulagé qu'ils acceptent.

Irestone haussa les sourcils, mais ne fit aucun commentaire. Il devait estimer que j'avais eu une chance inouïe.

— Vous n'avez pas la moindre idée de leur identité ?

— Pas la moindre.

— Et je suppose que vous ignorez quel genre d'arme de poing ils avaient ?

— Un Walther calibre 22... je crois. J'ai déjà eu l'occasion de voir un de ces pistolets.

— En êtes-vous certain ?

— Absolument.

Il réfléchit.

— Pourriez-vous nous accompagner au poste de police, afin d'établir les portraits-robots de ces hommes ?

— Naturellement. Mais vous pourrez les voir bientôt en chair et en os, avec un peu de chance.

— Que voulez-vous dire ?

— J'ai attendu hier pour leur expédier les bandes magnétiques au bureau de poste de Cambridge. Il est probable qu'ils s'y rendront demain.

— Ça peut nous être utile.

Il paraissait sceptique, mais prit malgré tout des notes.

— Autre chose ?

— Oui, les bandes que je leur ai envoyées ne sont pas celles qu'ils voulaient. J'attends toujours de les récupérer.

Le policier fit une grimace.

— Ce n'est pas très prudent.

— Les cassettes originales appartiennent à Mme O'Rorke et ces hommes resteront tranquilles tant qu'ils croiront être en possession des originaux.

— Selon vous, il leur faudra combien de temps pour découvrir la supercherie ?

— Je l'ignore. Mais s'il s'agit des hommes qui ont menacé Peter ils ne s'en rendront pas compte immédiatement. Ils ne semblaient pas connaître grand-chose en informatique, d'après lui.

— Peter Keithly a reçu leur visite le mercredi soir, n'est-ce pas ?

J'acquiesçai.

— Et Christopher Norwood a été tué le vendredi matin, huit jours et demi après. Il est peut-être optimiste d'espérer qu'il leur faudra de nouveau plus d'une semaine pour découvrir la vérité.

— Je soutiendrai que ce sont les bandes que Peter m'a données.

— Mais ils ne vous croiront pas. L'enquête sur la mort de Peter Keithly a eu lieu aujourd'hui. Nous avons contacté la police de Norwich. Rien n'autorise à certifier que sa mort ne soit pas accidentelle. Aviez-vous des doutes à ce sujet ?

— Oui.

— Ils n'étaient pas fondés. Selon l'expert de la compagnie d'assurances, l'explosion est très caractéristique. On n'a découvert ni dynamite, ni plastic. Peut-être une imprudence, ou de la malchance.

Je baissai les yeux.

— Vos tueurs n'y sont pour rien, ajouta-t-il.

Sans doute cherchait-il à désamorcer la haine qu'avait pu m'inspirer le meurtre de Peter, afin de rendre mon témoignage plus impartial ; en réalité, il m'offrait une sorte de réconfort dont je lui étais reconnaissant.

— Si Peter n'était pas mort, ils seraient retournés chez lui après avoir découvert que les cassettes étaient fausses. Ils l'auraient au moins interrogé avant de le tuer.

— C'est parfaitement exact. Avez-vous des amis qui pourraient vous héberger quelques jours ?

Le samedi matin, alléché par les dix pour cent promis par Mme O'Rorke, je partis pour la cité-jardin de Welwyn avec l'intention de proposer les bandes à M. Harry Gilbert.

Je n'avais pas les cassettes sur moi, étant donné que la laryngite de Ted Pitts m'empêchait toujours de les récupérer, mais j'espérais jeter les bases d'une transaction.

A vol d'oiseau, une trentaine de kilomètres séparent Twickenham de Welwyn, mais par la route le trajet est beaucoup plus long, car il faut emprunter le périphérique nord puis des rues commerçantes. J'atteignis finalement la cité-jardin. La demeure de M. Gilbert se dressait dans une impasse résidentielle. J'appuyai sur la sonnette, inquiet à l'idée de trouver porte close.

C'est pourtant M. Gilbert en personne qui m'ouvrit. Hélas ! Il était sur le point de se rendre au terrain de golf et me pria de remettre ma visite à plus tard. Il portait une tenue de circonstance : pantalon à carreaux, chemise à col ouvert et blazer. Des crosses de clubs dépassaient derrière ses épaules.

— Je viens pour vous parler de la méthode de Liam O'Rorke, lui annonçai-je.

— Comment ?

— C'est Mme O'Rorke qui m'envoie. Elle pense pouvoir vous la vendre.

Il consulta sa montre. L'allure de ce quinquagénaire évoquait plus un fonctionnaire qu'un marchand de rêves.

— Entrez, me dit-il. Par ici.

Il me précéda dans une sorte de bureau où j'aperçus une machine à écrire, des cartes murales constellées de punaises, deux fauteuils, un plateau avec des verres et des bouteilles et cinq téléphones.

— Je dispose d'un quart d'heure. Alors, venons-en aux faits.

Il ne m'invita pas à m'asseoir, par pure indifférence. Il n'essayait pas de dissimuler le fond de ses pensées en les habillant de courtoisie, et il me vint à l'esprit qu'il eût été un enseignant médiocre.

— Les notes de Liam O'Rorke ont été volées, déclarai-je en guise d'entrée en matière.

— Je le sais. Ont-elles été récupérées ?

— Pas ses notes, mais les programmes d'ordinateur qui ont été établis d'après elles.

Il fronça les sourcils.

— Et Mme O'Rorke aurait ces programmes ?

— Non, c'est moi qui les détiens. Je suis venu vous les proposer pour son compte.

— Comment vous appelez-vous ?

— Jonathan Derry. Si vous le désirez, vous pouvez lui téléphoner pour obtenir confirmation.

— Avez-vous... apporté ces programmes ?

— Non. J'ai jugé préférable de venir d'abord vous en parler.

— Mm...

Malgré son visage impassible, il devait étudier ma proposition. Il me semblait qu'il ne parvenait pas à prendre une décision.

— Je ne m'attends pas à ce que vous les achetiez sans preuves, mais je puis vous assurer qu'il s'agit bien de la méthode de Liam O'Rorke.

Cette affirmation ne produisit sur lui aucun effet. Il fut interrompu dans sa méditation par l'arrivée d'une tierce personne.

J'entendis le claquement d'une portière, puis des bruits de pas dans l'entrée. Gilbert releva la tête, puis une voix l'appela depuis le vestibule :

— Papa ?

— Je suis ici.

Son fils entra. C'était le jeune homme qui s'était présenté chez moi armé d'un pistolet. Nous restâmes tous deux comme paralysés.

Je reportai mon regard sur son père, et il me vint un peu tard à l'esprit qu'il s'agissait de l'homme d'un certain âge, banal et replet, que Sarah m'avait décrit en me parlant de l'inconnu qui s'était rendu chez Peter pour réclamer les bandes. C'est à lui qu'elle avait déclaré : « C'est mon mari qui les détient. »

Savoir ce qu'il ne faut *pas* faire... Si je voulais que la mer Rouge ne se referme pas sur moi...

— Mon fils Angelo, déclara Gilbert.

La main droite d'Angelo se leva à hauteur de ceinture comme pour saisir son pistolet. Mais je compris avec soulagement qu'il n'était pas armé.

Dans l'autre main, il tenait le colis que j'avais expédié à Cambridge. L'emballage avait été ouvert et il prenait soin de tenir le paquet bien droit, pour empêcher les cassettes de tomber.

Il recouvra ses moyens plus rapidement que moi. Je reconnus sa voix, son arrogance et son sourire de mépris.

— Qu'est-ce que ce minable fait ici ?

— Il est venu me proposer les bandes.

Angelo eut un rire moqueur.

— Je t'avais dit que nous les aurions pour rien. Ce cave nous les a expédiées. J'en étais sûr.

Il montra le paquet, en ricanant.

— C'était stupide d'offrir de l'argent à cette vieille Irlandaise. Tu aurais mieux fait de me laisser récupérer les notes de son mari juste après sa mort. Tu n'es plus à la hauteur, papa. Si tu n'avais pas tant attendu, j'aurais pu régler cette affaire dès le début, avant que les choses ne se compliquent.

J'assistais à un conflit de générations déjà fort avancé. Le taurillon défiait le vieux chef, situation dont j'espérais tirer profit. Le premier paradait et cherchait à prouver qu'il était le plus fort ; pourtant, j'avais remporté la première manche.

— Comment ce minable s'est-il procuré notre adresse ?

Gilbert ne sembla pas relever le ton arrogant de son fils.

— C'est Mme O'Rorke qui l'a envoyé.

Ils ne pensèrent pas un instant à me demander

comment j'avais fait la connaissance de celle-ci. Une telle question m'aurait placé en fâcheuse position. J'estimai que pour une fois mon ignorance pouvait se révéler salutaire, et feignis de ne rien savoir de l'existence et de la mort de Chris Norwood.

— Comment se fait-il qu'il ait encore des bandes à vendre, puisqu'il me les a déjà expédiées ?

La question était pertinente. Les yeux de Gilbert se plissèrent ; je compris que son apparence banale était trompeuse. Il restait le seul maître à bord.

— Eh bien ? insista-t-il en se tournant vers moi.

Angelo attendait. Il triomphait. Le processus de disparition des inhibitions s'accélérait, aussi inquiétant que lors de sa visite. Plus que tout, c'est sa témérité que je devais redouter.

— Je vous ai expédié des copies, dis-je en désignant le paquet.

— Des copies ?

Angelo resta un instant interdit, avant de s'enquérir sur un ton suspicieux :

— Et pourquoi m'avez-vous expédié des copies ?

— Les originaux appartiennent à Mme O'Rorke et je n'avais pas le droit de vous les remettre. Mais, comme je ne voulais pas que vous reveniez brandir une arme sous mon nez, je vous ai expédié ce que vous vouliez. Je ne pensais pas vous revoir un jour et je tenais à être tranquille. J'ignorais que vous étiez le fils de M. Gilbert.

— Une arme ? répéta sèchement ce dernier. *Une arme ?*

— Son pistolet.

Il eût été impossible de ne pas percevoir la colère de Gilbert.

— Je t'avais pourtant interdit... *interdit*, tu entends, de prendre cette arme. Je t'avais envoyé *négocier* ces bandes. Les acheter !

— Les menaces coûtent moins cher, et je ne suis plus un gosse auquel tu peux donner des ordres.

Ils se firent face et s'affrontèrent du regard.

— Ce pistolet doit uniquement servir à nous protéger. Il m'appartient, et tu ne dois t'en servir pour intimider quiconque. Je ne veux pas qu'il sorte d'ici ! Tant que tu vivras dans cette maison, tu devras m'obéir ! Je t'interdis de toucher à cette arme.

Seigneur, pensai-je. *Il n'est pas au courant de ce qui est arrivé à Chris Norwood...*

— C'est pourtant toi qui m'as appris à tirer.

— A pratiquer le tir, en tant que sport.

Gilbert ne paraissait pas savoir que son fils avait une prédilection pour les cibles humaines.

J'interrompis leur joute familiale et m'adressai à Gilbert.

— Vous avez les bandes. Les paierez-vous à Mme O'Rorke ?

— Ne dites pas n'importe quoi, coupa Angelo.

Je ne relevai pas son intervention.

— Vous lui avez fait une offre généreuse. Ne revenez pas sur votre parole.

Je n'espérais pas le convaincre. Je voulais simplement le distraire, occuper son attention, ne pas lui laisser le temps de réfléchir.

— Ne l'écoute pas, dit Angelo. C'est un cave.

L'expression de Gilbert indiquait qu'il partageait l'opinion de son fils. Il me toisa de haut en bas, sans doute convaincu que l'espèce humaine n'était composée que d'êtres inférieurs, lui excepté.

J'affectai une expression résignée. Je n'avais plus qu'un désir : quitter cette maison avant qu'ils n'assemblent les fragments d'informations dont ils disposaient chacun de leur côté et qu'ils n'arrivent à la conclusion que je représentais une menace pour la liberté d'Angelo. J'ignorais si son père l'empêcherait ou tenterait de l'empêcher de m'abattre.

— Mme O'Rorke attend votre réponse, leur rappelai-je.

— Dites-lui qu'elle n'aura rien.

Gilbert approuva son fils d'un signe de tête.

Je me glissai devant Angelo pour gagner la porte, en prenant bien soin de conserver une attitude soumise.

— Eh bien, je vais le lui annoncer.

Je traversai le vestibule d'une démarche saccadée, passai devant les clubs de golf, et franchis la porte d'entrée en adressant un dernier regard à Gilbert qui faisait face à son jeune rival.

J'étais en sueur. J'essuyai mes paumes sur mon pantalon, ouvris maladroitement la portière et posai une main tremblante sur la clé de contact. Puis je démarrai.

S'ils n'avaient pas été si occupés à s'affronter l'un l'autre...

Alors que je quittais la propriété pour m'engager dans l'impasse, je les aperçus dans mon rétroviseur, debout sur le seuil. Ils me suivaient du regard. Je ne me sentis rassuré que lorsque je fus certain qu'Angelo n'avait pas bondi dans sa voiture pour me prendre en chasse.

C'était la première fois que j'entendais mon cœur battre ainsi. J'étais tremblant, nerveux, essoufflé, en proie à une petite nausée.

J'en déduisis que je n'avais jamais connu la peur.

8

Quelque part entre Welwyn et Twickenham, j'arrêtai la voiture sur une aire de stationnement. Où aller ?

Je pouvais rentrer chez moi, prendre mes fusils et me rendre à Bisley. Je regardai mes mains. Compte tenu de ma nervosité, je raterais une cible à un mètre. Inutile de gaspiller des munitions.

Combien de temps encore avant que les Gilbert découvrent la falsification des programmes ? En ce moment même, ils devaient prendre conscience qu'ils n'étaient pas les seuls à pouvoir utiliser la méthode de Liam, tant que je détenais les bandes originales. Il me fallait trouver rapidement un refuge. Je regrettais de n'avoir pas plus d'amis.

Je traversai la rue jusqu'à une cabine téléphonique et composai l'indicatif de la ferme où William passait ses vacances.

— Naturellement, Jonathan, me dit Mme Porter, la propriétaire. Bien sûr, je peux vous recevoir. Mais William est parti. Il s'ennuie, ici, depuis qu'il n'y a plus de chevaux. Ce matin, il est allé rendre visite à un ami, à Lambourn. Il avait l'intention de regagner directement son collège, demain soir.

— Il allait bien ?

— Il était débordant de vitalité ! Mais il n'a presque rien mangé. Il est toujours à surveiller son poids, pour devenir jockey.

Je soupirai.

— Merci quand même.

— L'avoir chez nous est un vrai plaisir. Il me fait tellement rire !

Je raccrochai et comptai les quelques pièces qui me restaient, avant d'appeler la police de Newmarket.

— Le commissaire Irestone est absent, monsieur. Voulez-vous lui laisser un message ?

Après quelques hésitations, je me contentai de répondre :

— Dites-lui que Jonathan Derry a appelé pour lui communiquer un nom. Je le contacterai plus tard.

— Je ferai la commission, monsieur.

Dans la voiture, je consultai le morceau de papier où j'avais noté l'adresse de Ted Pitts et décidai de lui rendre visite. Il risquait de ne pas être très content de me voir : le secrétaire du collège m'avait fourni ce renseignement à contrecœur, arguant que les adresses des professeurs ne devaient être communiquées aux parents d'élèves sous aucun prétexte, et que Ted Pitts lui avait fait promettre de ne jamais divulguer la sienne.

— Mais je ne suis pas un parent d'élève.

— Non. Effectivement.

J'avais dû utiliser toute ma force de persuasion pour parvenir à mes fins. Je compris la discrétion de Ted Pitts en découvrant qu'il vivait dans une caravane sur un terrain de camping. Un tel cadre n'était pas fait pour inspirer du respect aux membres de l'association des parents d'élèves.

L'épouse de Ted m'ouvrit la porte. Elle sembla surprise de ma visite, mais nullement ennuyée. Elle assistait de temps à autre aux matchs de football de l'école que Ted arbitrait. Je ne me rappelais plus son prénom. Jane, Janette... Aussi me contentai-je de lui sourire.

— Comment va Ted ?

— Beaucoup mieux. Il retrouve progressivement sa voix. Je sais qu'il sera heureux de vous voir. Entrez.

Elle désigna l'intérieur de la caravane et ajouta :

— C'est un peu en désordre. Nous n'attendions pas de visite.

— Si vous préférez que je...

— Non. Ted sera ravi.

A l'intérieur, des livres, des journaux, des vêtements, des jouets s'amoncelaient dans tous les coins. L'habituel capharnaüm des familles nombreuses, mais accentué par l'exiguïté des pièces.

Ted était assis sur le canapé du salon miniature et surveillait ses trois petites filles qui jouaient sur le sol. Lorsqu'il me vit, il se leva d'un bond et ouvrit la bouche. Mais il ne réussit à émettre qu'un son rauque.

— Ne dites rien. Je suis simplement venu prendre de vos nouvelles.

Tout espoir de me faire héberger s'était évanoui. Cette éventualité me semblait à présent stupide.

— Je vais mieux, parvint-il à articuler.

Il m'invita à m'asseoir d'un geste de la main. Sa femme me proposa un café, que j'acceptai. Les enfants commencèrent à se chamailler, et Ted les fit taire en les poussant du pied avec douceur.

— Jane va les emmener faire une promenade.

Il avait apporté cette précision d'une voix enrouée.

— Je vous dérange.

— Pas du tout ! Je suis très content de vous voir.

Il désigna une étagère du doigt.

— J'ai acheté des bandes vierges. Elles sont là-haut, avec vos cassettes, hors de portée des enfants. Mais je n'ai pas encore pu les reproduire. Je suis désolé.

Il se massa la gorge.

Jane revint avec une tasse de café et me proposa du sucre. Je le refusai d'un mouvement de tête et bus une gorgée de son insipide breuvage.

Afin d'alimenter la conversation, et sans nourrir le moindre espoir, je hasardai :

— Vous ne savez pas où je pourrais passer une ou deux nuits ? Un endroit pas trop cher, qui ne soit pas un hôtel.

Je fis un sourire gêné.

— J'ai déjà dépensé pas mal d'argent en carburant et autres frais, cette semaine...

— Les fins de mois, commenta Ted. Toujours la même chose.

Jane intervint.

— Mais, et votre maison ? Ted m'a pourtant dit que vous en aviez une ?

— Heu... Ça ne va plus très bien avec Sarah.

Cette semi-vérité arrivait à point ; ils émirent quelques murmures de compassion. Ted dit d'un ton désappointé :

— Je ne vois rien.

— Vous pourriez rester chez nous, déclara brusquement Jane. Sur le canapé.

Ted parut sidéré par cette proposition, mais sa femme ajouta d'une voix tendue :

— Vous nous dédommageriez ?

— Jane ! s'exclama Ted.

Je saisis l'occasion.

— D'avance ?

Je lui remis deux des billets que j'avais retirés la veille de la banque, et lui demandai si c'était suffisant. Elle acquiesça en rougissant, puis poussa les trois enfants hors de la caravane. Ted tenta de se justifier.

— Nous avons eu un mois difficile... Ils ont augmenté la location de l'emplacement et j'ai dû acheter de nouveaux pneus. Je ne peux pas me passer de ma voiture, même si elle tombe en morceaux, et je suis à découvert...

— Arrêtez, Ted. Je sais ce que c'est. Il m'arrive d'être un peu juste, moi aussi.

Il m'adressa un sourire.

— Nous ne redoutons pas la visite des huissiers... Mais cette semaine nous avons pratiquement dû nous contenter de pain sec.

Je m'installai sans plus de formalité chez les Pitts. Je regardai la télévision, échafaudai des tours de briquettes colorées pour les enfants et partageai avec mes hôtes un dîner uniquement composé d'œufs. Puis j'invitai Ted à aller boire une bière.

De murmures en raclements de gorge, j'appris beaucoup de choses sur sa famille. Il avait rencontré Jane dans une auberge de jeunesse, et ils s'étaient mariés alors qu'il faisait encore ses études : Jane était enceinte. Il précisa qu'ils étaient heureux, mais qu'ils n'avaient jamais réussi à mettre de côté assez d'argent pour acheter une maison à crédit. La caravane était en location-vente. Pendant les vacances, il s'occupait des enfants et Jane prenait des emplois temporaires de secrétaire. Chaque année, pendant une semaine, Ted partait seul avec son sac à dos et sa tente, dans des régions montagneuses comme l'Écosse ou le pays de Galles.

Il m'adressa un regard gêné derrière ses lunettes.

— Ça m'aide à préserver ma santé mentale.

Je l'assurai qu'être son propre psychiatre n'était pas à la portée de tous.

Lorsque nous regagnâmes la caravane, le ménage était fait et les enfants couchés. Les filles dormaient dans la plus grande des deux chambres, les parents dans l'autre. Un oreiller, un plaid et un drap propre m'attendaient sur le canapé.

J'étais sur le point de m'endormir lorsqu'il me vint à l'esprit que je n'avais pas rappelé Irestone. Tant pis, pensai-je en bâillant. Je le ferai demain.

Dans la matinée, je téléphonai d'une cabine proche du jardin public où Ted et moi avions emmené les enfants.

Comme d'habitude, Irestone n'était pas là. Un homme à la voix sévère me répondit que le commissaire était en congé, mais qu'il était possible de lui transmettre un message. Je déclarai que je ne voulais parler qu'au commissaire. Mon interlocuteur m'annonça alors que si je laissais un numéro de téléphone Irestone me contacterait en temps voulu. Mais Ted Pitts n'avait pas le téléphone.

— Si je rappelle demain matin à neuf heures, le commissaire Irestone sera-t-il à son bureau ? Et si je rappelle à dix heures ? Onze heures ? Midi ?

On me dit d'attendre, et une conversation indistincte s'engagea à l'autre bout du fil. Elle dura si longtemps que je dus rajouter des pièces. La voix imperturbable se fit de nouveau entendre alors que je perdais patience.

— Demain matin, à partir de dix heures, vous pourrez joindre le commissaire au numéro suivant...

— Attendez un instant.

Je pris mon stylo et cherchai le papier sur lequel j'avais noté l'adresse de Ted.

— Allez-y.

L'homme me communiqua le numéro de téléphone et je le remerciai sèchement avant de raccrocher.

Ted poussait la plus jeune de ses filles sur une sorte de toboggan et la serrait contre lui en riant. Ma gorge se noua. Je regrettais tant de ne pas avoir eu une petite fille... Comme Ted, je l'aurais emmenée dans les jardins publics, je l'aurais tenue dans mes bras et vue grandir. Sarah, pensai-je. Sarah... c'est peut-être pour cela que tu souffres, parce que tu n'as pas d'enfant à choyer. Voilà ce qui nous manque... J'enviais le bonheur de Ted.

Pendant que les enfants jouaient dans le bac à sable, nous allâmes nous asseoir sur un banc. Je lui demandai pourquoi il ne semblait plus s'intéresser au livre des performances.

— Vous comprenez, je ne peux pas prendre le

risque de perdre de l'argent. Mes moyens ne me permettent pas d'acheter ces ouvrages spécialisés, ou des cassettes pour reproduire vos programmes. J'ai acheté les vôtres avec l'argent que vous m'avez donné... Demain, ma paie sera virée sur mon compte, mais je n'ai pas encore réglé la facture d'électricité.

— Le Derby aura lieu bientôt.

— Ne croyez pas que je l'ai oublié... Chaque fois que je regarde les cassettes, je m'interroge : j'essaie, oui ou non ? Mais je renonce. Qu'est-ce que je dirais à Jane, si je perdais ? La moindre pièce compte, comme vous avez pu le constater.

Je jugeai la situation ironique. Angelo Gilbert n'avait pas hésité à tuer pour obtenir ces bandes, alors que celui qui les détenait préférait renoncer à les utiliser de peur de se disputer avec sa femme.

— Ces programmes appartiennent à une femme âgée, une certaine Mme O'Rorke. Je suis allé la voir, cette semaine.

Cela parut le laisser indifférent.

— Elle m'a appris des choses qui pourraient vous amuser.

— De quoi s'agit-il ?

Je lui parlai des bookmakers qui refusaient les mises de ceux qui gagnaient régulièrement, et du système que les O'Rorke avaient mis au point pour poursuivre leurs activités.

— Seigneur, que de complications ! Non, Jonathan, il est préférable de renoncer.

— Selon Mme O'Rorke, son mari était certain de gagner une fois sur trois, en moyenne. Qu'est-ce que vous en déduisez ?

Il sourit.

— Il me faudrait cent pour cent de certitudes, pour pouvoir miser au Derby.

Une fillette lança du sable dans les yeux d'une de ses sœurs. Ted se leva d'un bond pour aller réprimander l'une et soulager l'autre avec un mouchoir.

— Au fait, ajoutai-je après que l'ordre eut été rétabli. J'ai effectué quelques copies de votre « Bataille spatiale ». J'espère que ça ne vous ennuie pas.

— Pas le moins du monde. Y avez-vous joué ? Il faut appuyer sur F ou S lorsque apparaît le premier point d'interrogation. Je n'ai pas encore porté les instructions par écrit, mais je vous promets de vous en envoyer un double. Les enfants adorent ce jeu.

Il semblait heureux et fier.

— C'est le plus intéressant de vos jeux ?

— Le plus intéressant ?

Il esquissa un sourire.

— Je m'en sers pour enseigner, et j'ai essayé de faire en sorte que les élèves comprennent le programme. Je pourrais inventer un jeu plus élaboré, mais à quoi cela servirait-il ?

Ted Pitts était un pragmatique, pas un rêveur. Il se leva, épousseta les vêtements de ses enfants et m'invita à retourner dans la caravane où nous attendaient des biftecks hachés.

L'après-midi, sous le regard compatissant de Ted, je corrigeai la pile de cahiers que j'avais laissés vendredi soir dans la voiture.

Le lundi matin je m'apprêtai à me rendre au collège avec Ted. Il avait recouvré assez de voix pour affronter les élèves de quatrième.

Bien que Jane m'eût assuré que je pouvais rester chez eux aussi longtemps que je le voulais, je sentais que ma présence n'était plus souhaitée aussi ardemment. Je devais partir en quête d'un nouveau logement.

Juste avant notre départ, Ted se haussa sur la pointe des pieds et prit les six cassettes sur l'étagère.

— Je profiterai de la pause de midi pour faire les copies.

— Parfait. Vous pourrez en garder un jeu, je rendrai l'autre à Mme O'Rorke.

— Vous n'en voulez pas un ?

— Il me sera toujours possible de vous demander une nouvelle copie, mais je me vois mal passer le reste de mon existence à chercher des bookmakers disposés à accepter mes mises.

Il rit.

— Moi non plus. Mais j'avoue que j'aurais volontiers risqué une petite somme...

Il prit un air rêveur.

— Enfin, le devoir nous appelle !

Il embrassa Jane et ses filles, et nous partîmes pour le collège chacun dans sa propre voiture.

Je profitai de la récréation du matin pour tenter de joindre le commissaire Irestone depuis le taxiphone de la salle des professeurs. Mon appel fut aussi vain que les précédents. Le commissaire était occupé.

— C'est ennuyeux. On m'avait affirmé qu'il serait là.

— Il a été rappelé à l'extérieur, monsieur. Désirez-vous lui laisser un message ?

Je désirais par-dessus tout lui transmettre quelques insultes, mais je me contentai de déclarer :

— Dites-lui que Jonathan Derry a appelé.
— C'est noté, monsieur.
Je raccrochai. J'avais fait quelques pas en direction du distributeur à café, quand la sonnerie du taxiphone retentit. C'était l'heure où les épouses des professeurs téléphonaient à leurs maris pour leur dresser la liste des achats à effectuer en rentrant à la maison. Je pensai que pour une fois ce ne pouvait pas être ma femme, mais quelqu'un me cria :
— Jonathan, c'est pour vous !
Surpris, je revins sur mes pas et saisis le combiné :
— Allô ?
— Jonathan, où donc étais-tu ?
C'était la voix de Sarah, sèche, impatiente.
— Où étais-tu ?
Elle semblait hors d'elle.
— Que se passe-t-il ?
J'étais conscient que je devais avoir l'air trop calme, mais je réagissais toujours ainsi lorsque j'étais inquiet.
— Oh, Seigneur !
Après une brève pause, j'entendis une autre voix qui me donna des frissons.
— Maintenant, tu vas m'écouter, pauvre cave...
La voix d'Angelo Gilbert.
— Ta petite femme est assise à côté de moi, très confortablement. On l'a même ligotée sur sa chaise, pour qu'elle ne risque pas de tomber.
Il ricana.
— Et son amie aussi. Maintenant, minable, tu vas faire exactement ce qu'on te dira. Tu m'écoutes ?

Je ne faisais que cela, l'écouter, une main collée à l'autre oreille pour m'isoler des bruits de tasses et des bavardages.

— Oui.

— Tu t'es défilé la dernière fois, en nous envoyant ces bandes bidon. Cette fois, il va falloir nous remettre les bonnes, compris ?

— Oui.

— Tu n'aimerais pas qu'on te rende ta femme défigurée, pas vrai ?

— Non.

— Tout ce que tu as à faire, c'est nous donner ces bandes.

— Oui.

— Et plus de faux-fuyants.

— Non.

Mon manque de réaction devait le décevoir, mais je recourais par habitude à une feinte indifférence, une technique mise au point après tant d'années d'enseignement. Rien de tel pour désamorcer la colère.

Grâce à cette méthode, j'obtenais d'excellents résultats aussi bien avec mes élèves qu'avec Jenkins ; Angelo Gilbert lui-même s'y était laissé prendre à deux reprises. Il était trop imbu de lui-même pour admettre que l'on pût dissimuler la peur qu'il éprouvait le besoin d'inspirer. J'estimais son intelligence moyenne, mais ses réactions dangereuses.

Il repassa le combiné à Sarah.

— Jonathan... Ils sont arrivés hier. Donna et moi sommes restées ligotées toute la nuit. Où étais-tu passé ?

— Êtes-vous chez Donna ?

— Oui, évidemment. Ne pose pas de questions stupides.

Angelo reprit le combiné.

— Maintenant, écoute, pauvre cave. Écoute-moi bien. Cette fois, tu n'as plus droit à l'erreur. Nous voulons les vraies bandes. Je te le répète : c'est ta dernière chance.

J'estimai tout commentaire superflu.

— Tu es toujours là ?

— Évidemment.

— Porte les bandes chez mon père, à Welwyn. C'est compris ?

— Oui. Mais je ne les ai pas.

— Alors, récupère-les. Tu entends ?

— Ça risque d'être long.

— Tu n'as plus de temps devant toi, minable.

Je pris une profonde inspiration. Je ne pouvais le raisonner et il ne s'agissait pas de mettre sa patience à l'épreuve.

— Je peux récupérer les bandes dans la journée. Je les porterai à votre père dès que je les aurai, mais ce sera peut-être dans la soirée.

— Avant.

— C'est impossible.

J'ignorais pourquoi j'essayais de gagner du temps. Je me laissais guider par mon instinct. Je voulais étudier la situation, ne rien précipiter. Cette fois, les Égyptiens feraient preuve d'un peu plus de bon sens.

— Dès que tu seras chez mon père, il testera les programmes, dit-il, éludant mon objection. Sur un ordinateur. Un Grantley. Tu comprends, minable ? Il a acheté l'appareil pour lequel ces bandes sont prévues. Alors, ne fais pas le malin. Il passera les programmes et tu as tout intérêt à ce que ce soient les bons.

— Entendu.

— Ensuite, mon père me téléphonera. Nous partirons et tu pourras venir délivrer ta femme et son amie. Compris ?

— Oui.

— Et n'oublie pas : si tu veux faire le malin, ta femme aura assez de travail à donner aux spécialistes en chirurgie esthétique pour qu'ils attendent tranquillement la fin de la crise actuelle. On commencera par ses jolies petites dents.

Il tendit le combiné à Sarah.

— Pour l'amour de Dieu, récupère ces cassettes !

— Oui. Est-ce qu'Angelo est armé ?

— Oui, Jonathan. Obéis-lui. Je t'en supplie, obéis-lui. Ne fais pas l'imbécile !

Il s'agissait d'un ordre, autant que d'une prière.

— Ces bandes ne valent pas une seule de tes dents. Ne fais rien qui puisse l'énerver, et dis-lui que je suivrai ses instructions. Répète-lui que je te l'ai promis.

Elle ne répondit rien et ce fut Angelo qui déclara :

— C'est bon, minable. Ça suffit comme ça. Tu vas aller chercher ces cassettes.

La communication était coupée.

Mes jambes aussi.

Mes collègues avaient quitté la salle des professeurs et les élèves devaient déjà m'attendre. Je pris machinalement mes livres et me dirigeai, flageolant, vers les laboratoires.

Récupérer les bandes...

Il me fallait pour cela aller trouver Ted Pitts, ce que je ne pourrais probablement pas faire avant midi et quart. J'avais une heure et demie pour prendre une décision.

Les élèves de première étudiaient la radioactivité. Je les fis poursuivre la série d'expériences commencée la semaine précédente, puis allai m'asseoir sur mon tabouret à côté du tableau noir.

Que faire ?

Je pouvais téléphoner à la police pour expliquer qu'un déséquilibré gardait ma femme en otage, et préciser que je soupçonnais cet homme d'être l'assassin de Christopher Norwood. Le commissaire et ses hommes cerneraient la maison et ordonneraient à Angelo de se rendre... ce qui aurait pour effet de modifier le statut de Sarah. De simple monnaie d'échange susceptible d'être troquée contre trois cassettes, elle deviendrait un otage garantissant la liberté d'Angelo. Une escalade impossible à envisager.

Autre solution : remettre les bandes à Harry Gilbert, en espérant qu'Angelo ne ferait aucun mal à Sarah et à Donna. Suivre à la lettre ses instructions, dans l'espoir qu'il ne m'attendrait pas chez Donna pour laisser trois cadavres derrière lui. Hypothèse assez invraisemblable, mais plausible.

Je me serais senti moins inquiet si j'avais pu découvrir une justification au meurtre de Chris Norwood. Il n'avait pas remis les programmes à Angelo, puisque ce dernier était venu me voir. Où donc étaient passées les notes de Liam O'Rorke et les bandes que Peter avait expédiées à Chris Norwood ?

J'éprouvai le besoin de récapituler. Lors de la

première visite d'Angelo, Norwood conseille à celui-ci de s'adresser à Peter Keithly, auteur des programmes et détenteur des notes de Liam O'Rorke ; Angelo se rend alors à Norwich, et menace Peter qui lui remet des programmes incomplets. Le temps qu'Angelo s'en aperçoive, Peter meurt dans l'explosion ; le fils de Gilbert retourne chez Norwood, qui lui répète que Peter Keithly ne lui a pas restitué les bandes de programmation, et qu'elles doivent toujours être chez lui. C'est sans doute le genre de propos qu'il tient à Angelo après que celui-ci a détruit sa chaîne hi-fi. En dépit de sa peur, Norwood ne pouvait sans doute pas se résoudre à renoncer à son rêve. Il avait payé son obstination de sa vie.

Quant à moi, j'étais persuadé que je ne devais mon salut qu'au fusil qui se trouvait par miracle à portée de ma main. Et, la seconde fois, sans la présence de Gilbert, qui exhortait son fils à plus de modération, la situation eût été aussi explosive que les vapeurs d'essence dans le bateau de Peter.

Quelques élèves avaient des difficultés ; je leur rappelai qu'une chambre d'ionisation ne pouvait pas fonctionner sans neige carbonique.

Plus de faux-fuyants, avait menacé Angelo.

Que me restait-il ? Quels étaient mes atouts ?

J'étais un tireur d'élite.

Impossible, pourtant, d'abattre Angelo. D'abord parce qu'il tenait un Walther collé sur la tempe de Sarah, et ensuite parce que je serais condamné pour meurtre ; dans le meilleur des cas, ce serait la prison.

Tuer Angelo était hors de question.

Je fouillai dans mes connaissances en physique.

J'aurais pu fabriquer un poste de radio, un récepteur de télévision, un thermostat, une horloge digitale, un détecteur de satellite et, à condition d'avoir les composants adaptés, un pistolet à laser, un accélérateur de particules ou une bombe atomique.

Deux élèves se disputaient au sujet du diffuseur de particules alpha, un appareil constitué d'un gros aimant entouré d'une multitude de petits. L'un soutenait que le magnétisme décroissait avec le temps, l'autre rétorquait que cela était impossible puisqu'il s'agissait d'aimants permanents.

— Qui a raison, monsieur ?

— La permanence est relative, pas absolue.

Au même instant, j'eus envie de les embrasser. Je tenais la solution de mon problème.

9

Ted Pitts consacra toute la pause de midi à enregistrer les nouvelles bandes sur le Harris.

— Et voilà. Pour autant que je puisse en juger, elles sont parfaites.

— Lesquelles désirez-vous ?

Il me regarda avec étonnement.

— Vous n'avez pas de préférence ?

— Choisissez celles que vous voulez. Je prendrai les autres.

Il hésita, et opta finalement pour les bandes originales.

— Si ça ne vous ennuie pas...

— Absolument pas. Mais donnez-moi leurs boîtes : *Oklahoma* et les autres. Il est préférable de les fournir avec l'emballage d'origine.

Je glissai les copies dans leurs boîtiers, remerciai Ted et gagnai la salle des professeurs. Là, je racontai à mes assistants que je souffrais d'une épouvantable migraine et les priai de me remplacer pour mes cours de l'après-midi. Il y eut quelques protestations, mais nous nous rendions fréquemment ce genre de services quand la situation l'exigeait. Je leur déclarai que je comptais rentrer chez moi ; je reprendrais probablement mes cours le lendemain matin.

Avant de partir, je fis un détour par le magasin et parlai à Louisa de ma migraine. Elle prit un air compassé. Alors qu'elle emportait un chargement de piles électriques dans le laboratoire, j'ouvris l'un des placards et prélevai trois objets que je dissimulai prestement dans ma poche.

— Que cherchez-vous ?

Louisa était revenue avant que j'aie eu le temps de refermer les portes.

— Rien de particulier.

— Rentrez chez vous et couchez-vous. Je m'acquitterai du travail supplémentaire.

Je pensai que mon absence lui simplifierait au contraire la tâche, mais à quoi bon le lui dire ? Je la remerciai vivement, espérant qu'elle épargnerait ses remarques acerbes à mes dévoués remplaçants, puis je retournai chez moi en voiture. Pas de crainte d'y rencontrer Angelo, puisqu'il tenait compagnie à Sarah et à Donna, à cent cinquante kilomètres de là. L'image de ma femme et son amie ligotées sur des chaises, terrorisées et épuisées, me semblait irréelle. Ne fais pas l'imbécile, m'avait dit Sarah. Obéis à Angelo.

Dans la cuisine, je feuilletai un album de photographies que nous avions rangé dans un tiroir du buffet après avoir perdu tout désir de regarder ces souvenirs de notre triste existence. Je mis la main sur le tirage que je cherchais : Sarah et les Keithly debout devant la maison de Norwich, par une journée ensoleillée. Ils souriaient tous les trois, et j'eus le cœur serré en voyant Peter.

Au premier étage, je sortis de mon placard un

mauser 7,62, mon Anschütz 22 et ma longue-vue. Je les rangeai avec quelques munitions dans ma valise spéciale que je portai dans le coffre de ma voiture.

Puis je remontai au premier pour prendre dans le placard à linge une grande serviette de bain que je serrai également dans le coffre.

Dans la voiture, je réfléchis quelques minutes, le temps d'établir un plan d'action, puis regagnai une dernière fois la maison pour en emporter un tube de colle extra-forte.

Une seule chose me manquait : du temps.

Je démarrai et m'éloignai rapidement. En direction de Norwich.

Il était seize heures trente environ lorsque j'atteignis les faubourgs de la ville. Six heures s'étaient écoulées depuis qu'Angelo m'avait téléphoné. Six heures interminables pour Sarah et Donna.

Je m'arrêtai à côté d'une cabine téléphonique, tout près de chez Donna, et composai son numéro de téléphone.

— Allô ? fit Angelo d'une voix joyeuse.

Il s'attendait sans doute à un appel de son père.

— Jonathan Derry, à l'appareil. J'ai les bandes.

— Passe-moi mon père, pauvre cave.

— Je ne suis pas chez lui. Je n'ai pas encore pu m'y rendre. Il m'a fallu toute la journée pour récupérer les cassettes.

— Alors, écoute, minable... Je t'ai averti...

— Je ne pouvais pas être plus rapide. Mais j'ai les cassettes.

— C'est bon. Alors, apporte-les à mon père, tu entends ?

— Oui. J'y vais immédiatement, mais il habite loin d'ici.

Angelo marmonna un instant, puis demanda :

— Où est-ce que tu es ? Ça fait vingt-quatre heures qu'on poireaute.

— Je suis près de Bristol.

— Où ?

— Il va me falloir quatre heures pour arriver chez votre père.

Après un bref silence, j'entendis Sarah. A en juger par le son de sa voix, elle semblait épuisée.

— Où es-tu ?

— Près de Bristol.

— Mon Dieu !

Elle n'était plus irritée, seulement désespérée.

— Nous ne pourrons pas tenir longtemps...

Angelo reprit le combiné.

— Dépêche-toi, minable, ordonna-t-il avant de raccrocher.

Le temps de respirer, pensai-je. Angelo n'attendrait pas l'appel de son père éternellement. J'espérais que ce contretemps ne le mettrait pas dans une fureur incontrôlable.

Avant de reprendre le volant, j'ouvris le coffre et sortis de la valise la longue-vue, les boîtes de cartouches et les deux fusils. Je les enveloppai dans la serviette et plaçai le tout sur le siège arrière, puis je considérai mes mains. Elles ne tremblaient pas.

Dans la rue, je me postai près de la maison de Donna de façon qu'on ne pût m'apercevoir depuis ses fenêtres. De là, j'avais vue sur le toit, une partie du mur latéral, presque tout le jardin... et la voiture d'Angelo garée dans l'allée.

Les passants étaient rares, à cette heure-ci. Les enfants avaient déjà quitté l'école et les mères devaient prendre le thé. Quant aux maris, ils n'étaient pas encore rentrés, comme en témoignaient nombre d'emplacements libres réservés aux voitures, devant les villas. Un paisible décor de banlieue. Des lotissements récents pour cadres moyens. Un site dépouillé, sans arbres ni poteaux électriques. Les installations téléphoniques couraient sous terre. Sur la photographie de la maison de Peter, j'avais remarqué le seul poteau téléphonique d'où partaient des câbles desservant les maisons alentour. Il n'y avait rien d'autre. Aucun obstacle : des trottoirs réguliers, une chaussée goudronnée, des haies soigneusement taillées, délimitant des pelouses bien entretenues et d'innombrables rideaux de fenêtres prêts à être écartés.

Le plus important, en ce qui concerne le tir de précision, est de connaître la distance de la cible. Dans un stand, ce paramètre est connu. J'étais habitué à tirer à exactement trois, quatre, cinq, neuf cents et mille mètres. C'est là un facteur essentiel pour le réglage de la hausse du fusil : plus la cible est éloignée, plus il faut tirer haut.

En compétition olympique, le tir se pratique à une distance unique : trois cents mètres ; ce sont les positions du corps qui varient : debout, agenouillé, et couché. Chaque concurrent a droit à dix essais dans chacune de ces positions, autant de possibilités de corriger l'angle de hausse avant de tirer les quarante balles comptant pour le score.

Dans cette rue de Norwich, je n'aurais pas droit à dix essais. Je devrais faire mouche à la première balle.

Si l'absence de poteaux téléphoniques m'empêchait d'évaluer avec précision les distances, je disposais par contre d'un excellent point de repère : les villas, alignées de façon à peu près identique le long du trottoir. Je m'éloignai de la maison de Donna.

Quatorze pas par jardin. Un bref calcul m'apprit que vingt-deux maisons correspondaient à trois cent huit mètres.

Douze villas me séparaient de ma cible, soit cent soixante-huit mètres. Plus je pourrais me rapprocher plus je serais avantagé. Dans la plupart des cas, j'étais capable d'atteindre une cible circulaire de deux centimètres et demi de diamètre placée à cent mètres, ou de cinq centimètres à deux cents mètres, ou encore de vingt-cinq centimètres à un kilomètre.

Dans le cas présent, ma cible était rectangulaire et mesurait environ dix centimètres de long sur quinze de large, ce qui signifiait que je ne devais pas m'en éloigner de plus de quatre cents mètres. Cependant, même en utilisant la longue-vue, je ne pouvais la voir de là où j'étais.

Un homme âgé sortit de la maison devant laquelle ma voiture était garée et s'approcha.

— Vous cherchez quelque chose ?

— Heu... non. J'attends quelqu'un, et je me dégourdis les jambes.

— Mon fils va vouloir se garer, dit-il en désignant l'emplacement occupé par ma voiture. Il ne va pas tarder à rentrer.

A l'expression obtuse de son visage, je compris qu'il risquait d'observer mes moindres faits et gestes depuis sa fenêtre, si je ne déplaçais pas immédiatement mon véhicule. Aussi regagnai-je ma voiture que j'engageai dans l'allée de la maison voisine pour faire demi-tour. Il s'agissait de ne pas perdre ma cible de vue, tout en évitant de stationner dans le champ de vision des fenêtres. Je comptai soigneusement les villas et m'arrêtai à une distance adéquate.

C'est uniquement dans les films que le tueur à gages regarde dans sa lunette, règle le réticule de visée sur sa cible, appuie sur la détente et abat sa victime. La plupart du temps, l'assassin accomplit son crime debout, et met dans le mille à la première balle. Tous les tireurs dignes de ce nom rient de tels exploits. Parmi les films que j'ai vus, le seul qui soit conforme à la réalité est *Le jour du chacal*, où le tueur pénètre dans une forêt en comptant ses pas, cale son fusil à un arbre, règle la hausse, et effectue deux ou trois essais sur un melon avant de se rendre sur les lieux du crime. Et encore ne tient-il pas compte du vent...

J'enfilai la rue par l'autre extrémité et je découvris entre deux maisons le portail de l'ancienne propriété sur laquelle le lotissement avait été bâti. Sa double porte de fer forgé s'ouvrait sur un parc et se dressait en léger retrait par rapport à la rue et aux façades des villas. Derrière ce portail, j'aperçus une aire de stationnement et une pancarte à demi effacée qui engageait les visiteurs de l'Institut de parapsychologie à suivre les flèches jusqu'à la réception.

Je dirigeai sans hésiter ma voiture vers le parc de stationnement et coupai le contact. L'emplacement était idéal et offrait une vision très nette de ma cible.

Je sortis de la voiture et comptai les maisons. Celle de Donna était la quatorzième du côté opposé, et ma cible était à la hauteur de la villa précédente.

Une légère brise venait de la gauche. J'évaluai machinalement sa force et me glissai à l'arrière de la voiture.

J'avais longuement hésité sur le choix du fusil que j'utiliserais. Les balles de 7,62 étaient particulièrement efficaces, mais, si je manquais ma cible, je risquais d'atteindre des objets ou des personnes à huit cents mètres ou plus. Le 22, aussi, était dangereux, mais cependant d'une plus courte portée.

Je m'agenouillai ; cette position convenait mieux à une arme légère, mais je n'aurais pas à soutenir le poids de la mienne qui reposerait sur la portière.

Finalement, je décidai de ne pas faire les choses à moitié : j'optai pour le mauser, dont la puissance d'arrêt était plus grande. De plus, je distinguais nettement mon but, qui était assez proche pour que je fusse certain de l'atteindre au deuxième tir. C'est le *premier* qui me préoccupait.

Je me souvins de la plaisanterie de Paul Arcady. « Réussiriez-vous à atteindre la pomme qu'il a sur la tête, monsieur ? » Ce que je me proposais de faire y ressemblait assez. La moindre erreur entraînerait des conséquences désastreuses.

J'abaissai la glace arrière et étudiai ma cible à l'aide de la longue-vue. C'était une boîte plate, fixée au sommet du poteau téléphonique et entourée de câbles qui s'éloignaient en direction des maisons les plus proches.

La boîte de dérivation.

J'eus une pensée émue pour tous ces abonnés qui seraient privés de téléphone jusqu'au lendemain ; mais l'heure n'était pas aux regrets : j'étendis la serviette sur le cadre de la fenêtre, me calai entre les sièges avant et la banquette arrière et reposai le canon du mauser sur la serviette.

Deux ou trois balles seraient sans doute nécessaires. Elles traverseraient la cible de part en part, et c'est en ressortant qu'elles l'endommageraient le plus. Si j'avais osé tirer à travers le poteau, une seule balle eût fait voler la boîte en éclats. Mais il aurait fallu que je sois de l'autre côté, ce qui eût attiré l'attention des voisins.

Je réglai la hausse, effectuai une légère correction en raison de la brise, et pressai la détente. Atteins le poteau, priai-je. Trop haut ou trop bas, mais atteins-le !

Les fusils de calibre 7,62 sont bruyants. La détonation évoquait un claquement de fouet. Je me sentis légèrement assourdi comme autrefois, avant l'invention des protège-tympans.

Je rechargeai mon arme, puis je pris la longue-vue. La boîte de dérivation était percée en son sommet, je respirai.

Je réduisis la hausse, sans modifier la position de mon corps. Je tirai de nouveau, rechargeai, tirai encore. Puis je vérifiai. Le deuxième et le troisième trou se chevauchaient, un peu plus bas que le premier. La boîte semblait fendue. Je décidai d'en rester là, à cause des détonations.

Je déposai sur le plancher les fusils et la longue-vue, les recouvris de la serviette, puis m'installai au volant.

Nul ne m'interpella quand je regagnai la route. Je m'éloignai calmement, indifférent au couple qui sortait dans la rue et aux rideaux qui devaient s'écarter.

La réaction d'Angelo m'inquiétait davantage. Et Sarah... elle reconnaissait plus sûrement le bruit d'un fusil que celui des cloches d'une église. Je priai pour qu'elle gardât le silence.

A la sortie de Norwich, je m'arrêtai pour faire le plein et utilisai le téléphone de la station-service pour composer l'indicatif de Donna.

Rien.

Un léger bourdonnement, comme celui du vent dans les câbles.

Je souris en pensant à la tête des réparateurs, lorsqu'ils grimperaient au poteau.

Il est possible d'isoler un poste téléphonique par des tours de passe-passe techniques. Il suffit d'appeler le numéro correspondant et de garder le silence : la personne concernée décroche, puis se lasse d'attendre et raccroche. Si l'on ne remet pas son propre combiné en place, la ligne reste occupée, ce qui rend toute autre communication impossible. J'aurais fait confiance à cette méthode pour quelques instants, mais pas pour plusieurs heures. De plus, elle n'était pas efficace avec tous les centres téléphoniques.

J'arrêtai la voiture afin de ranger le mauser, les munitions et la longue-vue dans le coffre, puis je transgressai les règlements et mes principes en introduisant une cartouche de 22 long rifle dans la culasse de l'Anschütz.

Puis j'enroulai mon arme dans la serviette et la posai sur le plancher. La serviette était presque invisible sur le tapis marron ; à moins d'accélérer, de tourner ou de freiner brutalement, l'Anschütz ne bougerait pas.

Je glissai ensuite quatre cartouches dans ma poche droite. L'Anschütz n'avait pas de chargeur ; il fallait le recharger à chaque tir. Après tant d'années, je pouvais en deux secondes ôter la douille et la remplacer par une nouvelle cartouche. Il me fallait même moins de temps si je tenais la nouvelle munition dans ma paume droite. Les deux fusils étaient de taille identique, et, n'eût été son pouvoir destructeur, j'aurais gardé le mauser avec son chargeur. Une balle de 22 pouvait être mortelle, mais pas pour des personnes vaquant dans la maison voisine.

Je m'affairai ensuite sur les cassettes et leurs boîtes, utilisant la colle et les objets subtilisés au collège, puis je partis pour Welwyn.

Harry Gilbert surgit sur le perron au moment où je m'engageai dans l'allée. A sa tête, je compris que l'attente avait mis ses nerfs à rude épreuve.

— Où étiez-vous passé ? Avez-vous apporté les cassettes ?

Il s'était précipité vers moi dès ma sortie de voiture, assuré de son pouvoir sur un homme en position d'infériorité.

— Je croyais que vous aviez interdit à Angelo de se servir de votre pistolet pour menacer les gens ?

Une contraction nerveuse tendit un muscle de son visage.

— Il y a des circonstances qui justifient la violence ! Donnez-moi les bandes.

Je pris les trois cassettes dans ma poche et les lui montrai : les trois cassettes, sans leurs boîtes.

— Maintenant, téléphonez à Angelo pour lui dire de libérer ma femme.

— Non. Je compte tester ces bandes avant d'appeler Angelo. Ensuite, il vous laissera le plaisir d'aller la délivrer. C'est ce qui est convenu, n'est-ce pas ? Entrons dans la maison.

L'ordinateur Grantley trônait sur le bureau de Gilbert.

— Les bandes.

Il tendit la main ; je les lui remis. Il glissa la première cassette dans un magnétophone et tapa sur le clavier de l'ordinateur.

— Depuis combien de temps avez-vous cet appareil ?

— Silence !

Il appuya sur MARCHE, mais rien ne se produisit. Cela ne me surprit guère : il n'avait pas introduit en mémoire le programme enregistré. Je le vis prendre le manuel d'instructions et le feuilleter. Si nous avions eu du temps devant nous, je ne serais pas intervenu, mais chaque minute qui s'écoulait devait paraître interminable à Donna et Sarah.

— Vous auriez dû suivre quelques leçons.

— Silence !

Il me foudroya du regard et appuya de nouveau sur le bouton MARCHE.

— Je voudrais qu'Angelo quitte Norwich au plus vite. Je vais vous montrer ce qu'il faut faire. Autrement, nous y serons encore demain.

Il lui en coûtait d'avouer son ignorance, mais il s'inclina.

J'éjectai la cassette pour voir de quelle face il s'agissait, puis je la remis en place et inscrivis CLOAD « EPSOM ». Les astérisques se mirent à clignoter dans la partie supérieure droite de l'écran et la bande défila rapidement. L'ordinateur trouva finalement « EPSOM », chargea le programme et annonça PRÊT.

— Maintenant, appuyez sur MARCHE, puis sur ENTRÉE.

Gilbert obéit.

QUELLE COURSE À EPSOM ?

COMPOSEZ LE NOM DE LA COURSE PUIS APPUYEZ SUR ENTRÉE.

Gilbert inscrivit DERBY, et la machine lui réclama le nom du cheval. Il tapa ANGELO et ajouta le même genre de réponses fantaisistes que Ted Pitts. Le facteur de chances d'Angelo était de 46, ce qui représentait un maximum. Ce chiffre était sans doute révélateur de l'opinion que Gilbert avait de son fils.

— Comment obtient-on ASCOT ? demanda-t-il.

J'éjectai la bande et mis en place la face A de la première bande. J'inscrivis CLOAD « ASCOT », appuyai sur ENTRÉE et attendis l'apparition du signal PRÊT.

— Écrivez RUN, puis appuyez sur ENTRÉE.

Il obtint aussitôt : QUELLE COURSE À ASCOT ? COMPOSEZ LE NOM DE LA COURSE PUIS APPUYEZ SUR ENTRÉE.

Il inscrivit GOLD CUP et parut captivé par les questions. J'estimai qu'il avait suffisamment joué avec les programmes.

— Téléphonez à Angelo. Vous avez pu constater que ce sont les cassettes originales.

— Un instant. Je veux tester toutes les bandes. Je ne dois pas vous faire confiance. Angelo a bien insisté sur ce point.

Je me résignai :

— Comme vous voudrez.

Il vérifia un ou deux programmes sur chaque face. Il avait finalement compris que CLOAD et les cinq premières lettres du nom de l'hippodrome, placées entre guillemets, lui permettaient d'obtenir ce qu'il voulait.

— Ça suffit comme ça, lui dis-je. Maintenant, appelez Angelo. Vous pourrez passer les programmes aussi longtemps que vous le voudrez, après mon départ.

Il n'avait aucune raison valable de remettre à plus tard son appel ; il prit un des téléphones, consulta un bloc-notes posé à côté de l'appareil, puis composa le numéro.

Il n'obtint pas son correspondant et refit le numéro. Il le composa encore, avec impatience. Finalement, tout en marmonnant, il utilisa un autre téléphone, toujours sans résultat.

— Que se passe-t-il ?

— Je n'arrive pas à obtenir la ligne.

— Vous devez vous tromper de numéro. Je l'ai sur moi.

Je pris mon calepin et le feuilletai. Je lus le numéro à haute voix.

— C'est celui que j'ai composé, déclara Gilbert.

— Impossible. Essayez encore.

Je ne m'étais jamais imaginé dans la peau d'un acteur, mais je me découvrais des dons de comédien.

Gilbert refit le numéro ; le moment était venu de manifester de la nervosité et de l'inquiétude.

— Il faut que vous le contactiez. J'ai passé

toute la journée à courir après ces bandes... maintenant vous devez joindre Angelo. Qu'il laisse ma femme tranquille !

Il ne me faisait pas peur, en dépit de son air autoritaire. De plus, je savais me faire respecter de mes élèves. Lorsque je fis un pas vers lui, il comprit que j'étais en meilleure forme physique que lui.

— Je vais appeler les réclamations.

Il simula l'anxiété pendant que la standardiste effectuait des essais infructueux. Elle déclara finalement que la ligne était en dérangement.

— Mais c'est impossible ! *Vous devez joindre Angelo !*

Harry Gilbert se contenta de me fixer.

Je baissai la voix mais arborai une expression furieuse.

— Il faut y aller.

— Mais Angelo a dit...

— Je me fiche de ce qu'il vous a dit. Il ne partira pas de Norwich avant d'être certain que vous avez les bandes. Si vous ne pouvez pas le joindre, vous allez le lui dire de vive voix. Je commence à en avoir vraiment assez de toutes vos histoires !

— Allez-y. Moi, je reste.

— Oh non... je n'ai pas envie de me retrouver seul face au pistolet d'Angelo. Il voulait que je vous remette les bandes ? Je l'ai fait. Vous allez venir avec moi pour le lui dire. Et je vous jure que vous viendrez, assommé et ligoté ou de votre plein gré. Parce que vous êtes la seule personne qu'Angelo acceptera d'écouter.

Je repris les cassettes posées à côté de l'ordinateur.

— Si vous voulez ces bandes, il faut me suivre.

Gilbert accepta. Il n'avait pas le choix. Je sortis les boîtes de ma poche et lui montrai les étiquettes : *Oklahoma, Le roi et moi, West Side Story.* Puis j'éjectai la cassette du magnétophone et glissai les trois bandes dans leurs boîtes.

— Nous allons les emporter pour les montrer à Angelo.

Il accepta également cette clause du marché, sortit avec moi, s'assit sur le siège avant et fit claquer la portière.

— Je garde les bandes, déclarai-je.

Je les rangeai dans le vide-poches et annonçai que je les lui rendrais à Norwich.

Ce fut un étrange voyage.

Gilbert était un personnage impressionnant ; jamais je n'aurais osé l'affronter en temps normal, mais je découvrais que je m'étais sous-estimé. Toute ma vie, j'avais été intimidé par mes supérieurs, que ce fût en qualité d'écolier, d'étudiant ou de professeur. Même lorsque j'étais en désaccord avec eux, ou que je les méprisais, je n'essayais jamais d'imposer mes vues. Je craignais de me faire renvoyer de l'école, du collège, et de me retrouver au chômage.

Mais Harry Gilbert ne pouvait rien contre moi. C'était là toute la différence. Ma position me permettait de lui dicter ma volonté. C'était grisant. Je compris que je devais prendre garde à ne pas laisser se développer en moi un complexe de supériorité.

Il me vint brusquement à l'esprit qu'Angelo devait éprouver exactement la même chose que moi. Il découvrait ses capacités et constatait qu'il était à même de se libérer des contraintes... Mais il ne savait pas se contrôler.

— Angelo n'est pas seul. Ma femme a parlé de deux hommes.

J'avais dit cela d'une voix neutre, sans agressivité.

Gilbert ne fit aucun commentaire.

— Quand votre fils est venu me rendre visite, un autre homme l'accompagnait. Leur ressemblance physique était frappante ; l'autre se contentait d'exécuter les ordres.

Il y eut un instant de silence, puis Gilbert se décida :

— Eddy, le cousin d'Angelo. Leurs mères étaient jumelles.

— Italiennes ?

— Nous sommes tous d'origine italienne.

— Mais vous êtes nés en Angleterre ?

— Oui. Pourquoi cette question ?

— Pour passer le temps.

Une partie du ressentiment que je lui inspirais semblait se dissiper peu à peu, comme s'il eût admis des justifications à ma conduite.

Je n'avais plus besoin de feindre l'inquiétude. Mes doigts pianotaient sur le volant lorsque des feux rouges nous retardaient, et je maudissais les camions que je ne pouvais doubler. Lorsque nous arriverions à Norwich, le délai de quatre heures accordé par Angelo serait expiré et je redoutais sa colère.

— Avez-vous l'intention de payer ces bandes à Mme O'Rorke ?

Un silence.

— Non.

— Même à l'insu d'Angelo ?

Il m'adressa un regard farouche.

— Angelo se contente d'exécuter mes ordres. Que je paie ou non Mme O'Rorke ne le concerne pas.

Il se leurrait, j'en étais persuadé. Mais peut-être refusait-il d'admettre que les temps avaient changé. Son fils lui échappait, et il ne lui imposerait plus longtemps ses volontés. Cette époque était révolue.

J'espérais qu'elle durerait encore au moins deux heures.

10

Nous atteignîmes Norwich une heure avant la tombée de la nuit. Je pris soin de m'engager dans la rue des Keithly de façon que Gilbert fût du côté du trottoir lorsque je m'arrêterais devant la maison. Angelo avait déjà vu ma voiture chez son père, et je redoutais sa réaction quand il la reconnaîtrait.

— Descendez dès l'arrêt du véhicule, dis-je à Gilbert. Votre fils doit vous voir immédiatement.

Il obtempéra en grommelant.

Je sortis et m'adressai à Gilbert en lui tendant les cassettes par-dessus le toit de la voiture.

— Attendez, prenez les bandes, et tenez-les bien en vue pour Angelo.

— Vous n'arrêtez donc pas de donner des ordres ?

— La confiance que j'ai en votre fils n'est pas plus grande que celle qu'il place en moi.

Il me défia du regard, mais consentit à lever les bras afin de montrer les cassettes aux occupants de la villa.

Le temps qu'il me tourne le dos, je m'étais déjà emparé de mon fusil. Je collai la crosse contre ma poitrine, avant de la dissimuler sous le pan de ma veste.

Angelo ouvrit la porte sans quitter l'abri du battant, tandis que j'ordonnai à son père :

— Entrez. Les habitants de cette rue passent leur vie derrière les rideaux de leurs fenêtres.

Il regarda autour de lui, puis se dirigea vers son fils. Je contournai la voiture et lui emboîtai le pas.

— Expliquez-lui la situation.

Gilbert se redressa et déclara à son fils :

— Le téléphone est en dérangement.

— Quoi ? C'est impossible !

— C'est pourtant vrai. Autrement, je ne serais pas venu jusqu'ici.

Angelo s'écarta de la porte pour gagner le salon, où était le téléphone. Je l'entendis décrocher et appuyer à plusieurs reprises sur le commutateur, avant de remettre brutalement le combiné en place.

Gilbert le rejoignit au salon et lui montra les cassettes.

— Il m'a apporté les bandes et je les ai testées. Toutes. Cette fois, ce sont les bonnes.

— Entre, minable, me dit Angelo.

Sans le sortir de la serviette, j'appuyai le fusil contre une petite commode toute proche de la porte du salon, puis je vins me placer sur le seuil.

On avait modifié l'ordonnance du mobilier et les deux femmes étaient assises dos à dos au centre de la pièce, les poignets et les chevilles attachés aux accoudoirs et aux pieds de leur siège. Angelo se tenait de côté ; Eddy restait derrière les otages. Des verres et des assiettes jonchaient le sol et les tables, et une odeur de cigarette froide flottait dans la pièce.

Sarah me faisait face ; nous nous fixâmes sans ressentir la moindre émotion. Je notai avec indifférence les cernes de ses yeux, l'épuisement et la peur qui marquaient ses traits.

Elle ne prononça pas un mot. Peut-être estimait-elle que je ne manifestais pas suffisamment mon inquiétude. Je lisais du soulagement sur son visage, mais aussi du mépris.

Je m'adressai à Angelo sur un ton las :

— Rentrez chez vous. Vous avez ce que vous vouliez.

Je priais pour qu'il s'en aille et qu'il obéisse à son père, qui lui disait :

— C'est exact, Angelo. Nous pouvons partir.

— Non.

Harry Gilbert se figea :

— Qu'as-tu dit ?

— Ce cave va regretter de s'être moqué de moi. Approche, minable !

Son père désigna les femmes.

— Ça suffit comme ça.

Angelo braqua son pistolet sur la tête de Donna.

— Ça fait des heures que cette idiote hurle qu'elles me dénonceront à la police.

Je m'empressai d'intervenir.

— Elles ne diront rien.

— Sûr ! Les morts ne parlent pas...

Son père comprit ses intentions. Il exprima sa désapprobation. Il avait peur.

— Pose cette arme, Angelo. Pose-la !

Angelo hésita. Il parut sur le point d'obéir, puis se ravisa. C'était le moment d'intervenir. Le moment ou jamais.

Je tendis mon bras droit et saisis la crosse du

fusil à l'intérieur de la serviette de toilette. J'arrachai le tissu qui couvrait le canon et me redressai tout en ôtant le cran de sûreté de l'arme que je pointai sur Angelo.

— Lâchez ce pistolet !

Ils étaient sidérés, Angelo plus que les autres. C'était la deuxième fois qu'il se laissait surprendre.

— Lâchez ce pistolet !

L'arme était toujours braquée sur Donna.

Angelo refusait d'obéir et de perdre la face.

— Je vais tirer.

Il ne croyait pas à ma menace. Je levai le canon vers le plafond et pressai la détente. La détonation résonna dans la pièce et des morceaux de plâtre tombèrent sur le sol. L'odeur âcre de la cordite remplaça la puanteur des mégots. Je glissai promptement une autre cartouche dans la culasse avant de braquer mon fusil sur Angelo.

— Lâchez ce pistolet. *Lâchez-le !*

Il ne se décidait toujours pas ; je compris que je devrais tirer. Pourquoi ne m'obéissait-il pas ? Son obstination pouvait lui coûter la vie.

L'atmosphère vibrait encore des échos de la détonation. Soudain, Sarah déclara avec une violence que je jugeai autant dirigée contre moi que contre Angelo :

— Il a fait partie de l'équipe britannique de tir, lors des Jeux Olympiques.

Angelo hésitait toujours.

— Lâchez votre pistolet, ou je vous loge une balle dans la main.

Il obéit. Son visage exprimait sa haine. Je l'estimais capable de se jeter aveuglément sur moi.

— Vous avez les bandes. Prenez votre voiture et disparaissez tous les trois. Vous me donnez la nausée.

Je fis un pas en arrière et désignai la porte d'entrée d'un mouvement de tête.

— Sortez. Un à la fois. Angelo le premier.

Il s'approcha de moi. Je reculai de quelques pas ; le canon de mon arme l'accompagna jusqu'à la porte d'entrée.

— Je t'aurai, me dit-il.

Je m'abstins de répondre.

Il ouvrit brusquement la porte et sortit.

Je me tournai vers Harry Gilbert.

— Allez-y.

Lui aussi semblait en colère, mais j'avais l'impression qu'il m'était reconnaissant d'avoir empêché son fils de commettre un acte irréparable.

Il suivit Angelo dans l'allée. J'attendis qu'ils aient ouvert les portières de la voiture pour m'adresser à Eddy.

— Ramassez ce pistolet. Par le silencieux. Savez-vous le décharger ?

Il acquiesça d'un signe de tête.

— Alors, faites-le. Et pas de gestes brusques.

Il regarda le fusil puis son cousin qui montait dans la voiture : il secoua enfin le chargeur pour faire tomber les cartouches.

— Parfait. Vous pouvez emporter cette arme.

Je désignai la porte ouverte. Contrairement aux autres, il sortit en courant.

Depuis le vestibule, je vis la voiture d'Angelo reculer rapidement jusqu'à la chaussée. Il accrocha volontairement ma voiture au passage, endommageant l'aile arrière, puis accéléra comme pour prouver sa virilité.

Les nerfs à fleur de peau, je refermai la porte d'entrée et allai délivrer Sarah et Donna.

Cette dernière fondit en larmes pendant que Sarah se dirigeait d'une démarche raide vers les coussins du canapé.

— Sais-tu pendant combien d'heures nous sommes restées ligotées sur ces sièges ? Et, avant que tu ne poses la question : oui, ils nous ont déliées de temps en temps pour nous permettre d'aller aux toilettes.

— Et de manger ?

— Je te hais.

— Je ne cherchais pas à être drôle.

— Aussi pour manger. Deux fois. Il m'a ordonné de préparer les repas.

J'entendis Donna déclarer entre deux sanglots :

— C'était horrible. *Épouvantable*. Tu ne peux pas imaginer...

— Ils n'ont pas...

— Non, ils n'ont pas, répondit sèchement Sarah.

— *Épouvantable*, répéta Donna. J'ai mal partout.

Elle alla s'asseoir en boitillant.

— Écoutez, je sais que vous êtes épuisées, mais je préférerais que vous mettiez quelques vêtements dans une valise et que nous quittions cette maison.

Donna fut prise d'un long sanglot et Sarah me dit sur un ton de défi :

— Pourquoi ?

— Comme vous avez pu le constater, Angelo n'était pas très content de partir. Il risque de revenir... Quand il estimera que nous ne sommes plus sur nos gardes.

Sarah s'emporta.

— Pourquoi lui as-tu rendu ce pistolet ? C'était stupide. Tu es si bête !

— Vous venez ?

— Tu ne t'attends pas à ce que...

J'interrompis Donna pour m'adresser à Sarah :

— Je dois téléphoner. D'ici, c'est impossible, et je vais devoir prendre la voiture. Voulez-vous venir avec moi, oui ou non ?

Sarah fit rapidement le point de la situation et acquiesça. Elle accompagna Donna au premier étage en dépit de ses protestations, et je les vis redescendre quelques minutes plus tard. Chacune tenait un sac de voyage ; je remarquai que Sarah s'était mis du rouge à lèvres. Je lui souris, heureux de constater qu'elle s'était reprise. Elle parut à la fois étonnée et déconcertée.

— Allons-y. Mieux vaut ne pas perdre de temps.

Je portai leurs sacs dans le coffre, puis rangeai mon arme dans sa valise. Après m'être assuré que Donna avait pris ses clés, je fermai la porte et quittai Norwich.

— Où nous emmènes-tu ? me demanda Sarah.

— Où veux-tu aller ?

— Avons-nous de l'argent ?

— Cartes de crédit.

Nous parcourûmes une brève distance au sein d'un silence régulièrement rompu par les sanglots de Donna. Le jour ne tarda pas à se coucher.

Je m'arrêtai à côté d'une cabine téléphonique et appelai la police du Suffolk en PCV.

— Pourrais-je parler au commissaire Irestone ?

J'avais posé cette question sans nourrir le moindre espoir.

— Votre nom, monsieur ?
— Jonathan Derry.
— Un instant.

J'entendis les marmonnements et les cliquetis habituels, puis une voix — qui n'était toujours pas celle d'Irestone — m'annonça :

— Monsieur Derry, le commissaire Irestone nous a commandé de noter votre message et de le lui transmettre immédiatement. Il m'a en outre chargé de vous dire que, en raison d'une... heu... mauvaise coordination entre les services, il n'a appris que cet après-midi que vous aviez tenté de le joindre. Je suis l'inspecteur Robson. Le policier qui est passé vous voir avec le commissaire.

— Je m'en souviens.

C'était un homme blond et rougeaud, proche de la quarantaine.

— Quelle est la raison de vos appels ?
— Vous notez ?
— Nous vous enregistrons.
— Parfait. Alors... l'homme qui est venu chez moi armé d'un pistolet s'appelle Angelo Gilbert. Son père, Harry Gilbert, possède des salles de loto dans tout l'Essex et le nord-est de Londres. L'homme qui l'accompagnait est son cousin Eddy... J'ignore son nom de famille. Il se contente d'exécuter les ordres.

Je fis une pause, et l'inspecteur Robson demanda :

— Est-ce tout, monsieur ?
— Non. En ce moment, ces trois hommes s'éloignent de Norwich à bord de la voiture d'Angelo Gilbert.

J'indiquai le modèle, la couleur, le numéro de la

plaque minéralogique et précisai que l'aile arrière était cabossée, avant d'ajouter :

— Ils se rendent probablement chez Harry Gilbert, à la cité-jardin de Welwyn.

Je lui communiquai l'adresse.

— Je crois qu'Angelo vit chez son père. Ils ont encore entre une heure et quart et une heure et demie de route. Vous trouverez dans la voiture un Walther calibre 22, avec un silencieux. J'ignore s'il est chargé ou non, et si c'est le pistolet avec lequel Angelo m'a menacé, mais il lui ressemble. Il est probable que Christopher Norwood a été assassiné avec cette arme.

— Voilà qui va nous être utile, monsieur.

— Il y a une dernière chose...

— Oui ?

— Je ne crois pas que Harry Gilbert soit mêlé au meurtre de Chris Norwood. Il ne semble même pas savoir que cet homme est mort.

— Merci, monsieur... Le commissaire vous contactera.

— Bien, mais...

— Oui ?

— J'aimerais savoir...

— Un instant, monsieur.

Je l'entendis discuter avec une autre personne.

— Je suis désolé, monsieur. Je vous écoute.

— Vous souvenez-vous des cassettes que j'ai envoyées à Angelo ?

— Bien sûr. Nous sommes allés à la poste centrale de Cambridge et avons averti le responsable de la poste restante. Malheureusement, il est sorti prendre un thé sans avertir personne, et c'est au cours de ce bref laps de temps que votre colis a été retiré. Nous l'avons appris trop tard.

— Hum... eh bien, Angelo est revenu me menacer et a exigé les véritables bandes. Je viens de les lui remettre, mais...

— Mais ?...

— Mais il ne pourra pas les utiliser. Il voudra les tester dès qu'il sera chez son père et, en découvrant que je l'ai berné une fois de plus, il partira certainement à ma recherche. Je veux dire que...

— Je sais ce que vous voulez dire.

— Alors... Je serais plus tranquille si je savais que vous avez l'intention d'agir ce soir. Et que vous disposez de preuves suffisantes pour le garder sous les verrous.

— Des instructions ont déjà été données. Nous les cueillerons dès leur arrivée à l'adresse que vous nous avez communiquée. Nous devons comparer les empreintes digitales et présenter nos suspects à des jeunes femmes qui ont vu deux hommes se rendre chez Norwood. Ne vous inquiétez pas, nous ne les laisserons pas repartir.

— Pourrai-je vous rappeler, pour être tenu au courant de la situation ?

— Oui.

Il me communiqua un nouveau numéro.

— Il y aura un message à votre intention, et on vous le transmettra immédiatement.

— Merci.

— Monsieur Derry ?

— Oui ?

— Qu'avez-vous fait à ces bandes, cette fois ?

— Oh ! j'ai collé des aimants au fond de leurs boîtes.

Il rit.

— Je vous verrai sans doute plus tard. Et merci. Merci infiniment.

Je raccrochai. Je souris en pensant aux petits aimants que j'avais collés au fond de chaque boîte. J'avais gardé les cassettes dans une poche et les boîtes dans l'autre, et ne les avais réunies qu'après qu'Harry Gilbert les eut testées. Placer les bandes magnétiques dans un champ aimanté aussi puissant équivalait à essuyer un tableau noir avec une éponge humide ; les rares traces qui subsisteraient n'auraient plus la moindre signification.

Et j'espérais qu'Angelo ne remarquerait la présence des aimants qu'à son arrivée.

Il me semblait que je conduisais depuis une éternité. La journée avait été longue, et j'avais peine à croire qu'il n'y avait que quelques heures que j'avais quitté la caravane de Ted Pitts.

Sarah et Donna s'étaient endormies. Je m'interrogeais sur l'avenir de notre couple.

Je fis halte dans un motel des faubourgs de Londres, où nous pûmes dormir. Comme convenu, un employé me réveilla à sept heures du matin. C'est en bâillant que je composai le numéro de l'inspecteur Robson. Je me présentai et demandai :

— Je n'appelle pas trop tôt ?

— Absolument pas, m'assura une voix féminine. John Robson m'a chargée de vous dire qu'Angelo Gilbert et son cousin ont été arrêtés.

— Merci beaucoup.

— Je vous en prie.

Je raccrochai, le cœur léger, et réveillai Sarah qui occupait l'autre lit.

— Désolé, mais je dois être au collège à neuf heures.

11

Sarah reprit son travail et Donna s'installa chez nous en attendant de recouvrer des forces. L'indulgence de Sarah pour son amie décrut peu à peu, et, quand Donna découvrit qu'on ne la choyait plus, son sourire d'impotente fit place à une moue boudeuse. Elle décida de regagner Norwich afin de vendre sa maison, encaisser l'argent de l'assurance, et tenter de persuader la déléguée à la liberté surveillée qui la suivait de prendre le poste que ma femme laissait vacant.

Sarah et moi étions devenus des étrangers l'un pour l'autre. Elle soutenait rarement mon regard et ne parlait qu'en cas d'absolue nécessité ; étrangement, le pli amer qui marquait sa bouche avait presque disparu.

Quant à moi, j'avais beaucoup changé. Il me semblait que je venais de sortir d'une cage. J'avais confiance en moi. Je tirais mieux. Je reprenais goût à l'enseignement et la correction des devoirs m'était moins pénible.

Une nuit, alors que nous étions couchés dans nos lits séparés, j'appelai Sarah :

— Tu ne dors pas ?

— Non.

— Tu sais qu'à la fin de ce trimestre je dois me rendre au Canada ?

— Oui.

— Je ne reviendrai pas avec l'équipe.

— Pourquoi ?

— Je compte aller aux États-Unis et y passer les vacances scolaires.

— Dans quel but ?

— Visiter ce pays. Peut-être m'y installer.

Elle resta un moment silencieuse, puis :

— Donna m'a beaucoup parlé du jour où elle a enlevé ce bébé, tu te souviens ?

— Oui.

— En le voyant, elle a éprouvé le besoin irrésistible de le prendre et de le bercer. Quand elle l'a eu dans les bras, c'était comme s'il lui appartenait. Elle l'a porté jusqu'à sa voiture et l'a posé sur le siège avant, à côté d'elle. Elle est partie, sans savoir où. Elle disait que c'était comme un rêve...

Elle s'interrompit et je pensai à Ted Pitts et à ses filles. J'éprouvai de la peine pour Sarah, pour Donna, pour tous ceux qui ne pouvaient avoir d'enfants.

— Donna est allée jusqu'à la plage, ajouta Sarah. Elle est montée à l'arrière de la voiture avec l'enfant. Elle se sentait heureuse. Puis le bébé s'est éveillé. Il devait avoir faim. Il a pleuré une heure durant et ses cris la rendaient folle. Elle a collé sa main sur la bouche de l'enfant, mais il s'est mis à hurler de plus belle. Elle l'a bercé, sans résultats. Puis elle a découvert que les couches étaient sales et que même sa robe avait été souillée.

Sarah s'arrêta de parler, songeuse.

— Elle n'avait jamais vu les bébés sous ce jour : hurlants et sales. Elle s'imaginait qu'ils sentaient le talc, qu'ils souriaient toujours. De colère, elle l'a presque jeté sur le siège. Puis elle a abandonné la voiture et elle est partie. Très loin. Elle entendait le bébé pleurer à l'autre bout de la plage.

Elle garda longtemps le silence.

— Jonathan, tu ne dors pas ?

— Non.

— Je me suis résignée. Je regrette de ne pas avoir d'enfant... mais nous ne pouvons rien y changer. Au cours de ces trois dernières semaines, j'ai appris beaucoup de choses sur moi-même, grâce à Donna.

Et grâce à Angelo, pensai-je.

Après un long moment, elle précisa :

— J'ignore toujours ce qui s'est passé. Je sais qu'Angelo a été arrêté pour meurtre et que la police a enregistré ta déposition, mais tu ne m'as toujours pas expliqué le fond de cette affaire.

— Tu y tiens vraiment ?

— Oui. Sinon, je ne t'ennuierais pas avec cette histoire.

Elle avait retrouvé son impatience habituelle. Elle dut s'en rendre compte, car elle ajouta aussitôt, avec plus de douceur :

— J'aimerais que tu m'en parles. Sincèrement.

— Si tu veux.

Je lui fis un récit détaillé de l'affaire, qui débutait le jour où Chris Norwood avait volé les notes de Liam O'Rorke. Je relatai les événements en suivant l'ordre chronologique, d'une façon claire et précise.

— Le jour où tu as appris qu'Angelo nous tenait captives, tu savais déjà que c'était un assassin ?

— Oui...

— Et tu n'as pas imaginé qu'il pourrait nous tuer, Donna et moi ?

— Si. J'ai évidemment pensé qu'il risquait de vous tuer dès qu'il serait sûr que son père avait les bandes, mais il était plus logique qu'il attende de pouvoir nous abattre tous les trois. Je ne possédais aucune certitude... et je ne voulais pas courir de risques.

Je me tus. Ce fut Sarah qui rompit le silence.

— Maintenant que j'y réfléchis, je me dis qu'il devait en avoir l'intention... Crois-moi, j'ai été heureuse de te voir.

— Et furieuse.

— Oui, furieuse. Je t'attendais depuis si longtemps... et Angelo était terrifiant.

— Je sais.

— J'avais entendu les coups de feu. Je préparais le repas, dans la cuisine.

— Je craignais que tu n'en parles à Angelo.

— Je ne lui adressais la parole que lorsque c'était indispensable. Cet homme était si arrogant... je le haïssais.

— Tu l'as surpris, en lui apprenant que j'avais été sélectionné pour les Jeux Olympiques. C'est l'argument qui l'a fait céder.

— Je voulais seulement... le blesser dans son amour-propre.

Je souris. L'amour-propre d'Angelo avait été mis à rude épreuve par la famille Derry.

— Est-ce que tu te rends compte que nous n'avons pas discuté ainsi depuis des mois ?

— Tant de choses se sont passées. Et je me sens si... différente.

L'irruption d'un assassin dans notre existence monotone avait favorisé une remise en question générale. Angelo nous avait rendu un fier service.

— Accepterais-tu de partir avec moi en Amérique ?

En Amérique. Pour rester ensemble. Pour tenter un autre essai. J'ignorais ce que je cherchais exactement : faire table rase, couper les ponts, divorcer, me remarier et avoir des enfants ; ou sauver ce qui pouvait l'être et renforcer les fondations chancelantes de notre amour ?

J'interrogeai Sarah. C'était à elle de prendre cette décision.

— Veux-tu que nous restions ensemble ?

— As-tu envisagé de divorcer ?

— Pas toi ?

— Si.

Je l'entendis soupirer.

— Souvent, ces derniers temps.

— Le divorce me paraît une solution... trop définitive.

— Alors, que proposes-tu ?

— D'attendre encore un peu. De découvrir ce que nous souhaitons véritablement. De poursuivre le dialogue.

— Entendu, dit-elle. J'accepte.

CORRESPONDANCE

Lettre adressée à Jonathan Derry par Vince Akkerton.

Angel Kitchens
Newmarket
12 juillet

Cher monsieur Derry,

Vous rappelez-vous le jour où vous êtes venu me voir en mai, à propos de Chris Norwood ? J'ignore si vous vous intéressez toujours aux bandes de programmation dont vous m'avez parlé, mais nous les avons retrouvées à l'usine quand nous avons nettoyé le vestiaire, pour le repeindre. Il y avait un sac, que personne n'a réclamé. Il contenait une pile de vieux papiers et trois cassettes. Elles n'avaient pas d'étiquettes et j'ai voulu les passer sur mon magnétophone, mais j'ai seulement entendu du bruit. J'allais les jeter quand un de mes amis m'a dit qu'il s'agissait de bandes de programmation. Je les ai portées à Janet, mais le vieil ordinateur a été remplacé par un appareil à disquettes qui ne reçoit pas de cassettes. Je me suis souvenu de vous et j'ai cherché votre adresse, pour vous demander s'il s'agissait des bandes en question. J'ai jeté les papiers à la poubelle, mais si vous voulez ces cassettes, envoyez-moi dix livres et je vous les expédierai.

Sincères salutations.

Vince Akkerton.

Lettre adressée à Jonathan Derry par les exécuteurs testamentaires de Mme Maureen O'Rorke.

1er septembre

Cher monsieur,

Nous vous retournons ci-joint la lettre que vous avez adressée à Mme O'Rorke, ainsi que votre colis de trois cassettes.

Nous avons le regret de vous informer que Mme O'Rorke est décédée à son domicile trois jours avant cet envoi. Nous estimons en conséquence que le contenu de ce colis vous revient.

Veuillez agréer, cher monsieur, l'assurance de notre considération distinguée.

Jones, Pearce et Block, notaires.

Lettre adressée à Jonathan Derry par le service de recrutement du personnel de l'université de Californie.

Cher monsieur Derry,

Suite à notre entrevue qui a eu lieu à Londres la semaine dernière, j'ai le plaisir de vous proposer un poste d'enseignant dans notre section de physique. Le contrat, établi pour une durée de trois ans, prévoit pour la première année une rémuné-

ration correspondant à l'échelle B des salaires (ci-jointe) et révisable par la suite.

Étant entendu que vous êtes libre de prendre ce poste le 1er janvier prochain, nous attendons votre confirmation pour vous adresser des instructions complémentaires.

Dans l'attente de vous lire, je vous souhaite d'ores et déjà la bienvenue au sein de notre université.

Lance K. Barowska, Dr ès Sc.
Chef du personnel de la faculté des sciences,
Université de Californie.

Lettre adressée à Marty Goldman, bookmaker, par Harry Gilbert.

Cher Marty,

Compte tenu de ce qui vient de se passer, je te prie de bien vouloir annuler la vente dont nous étions convenus. Je n'ai plus le cœur à ériger de nouveaux empires. A présent qu'Angelo a été condamné à perpétuité, rien ne justifie l'achat de tes bureaux de Paris. Tu sais qu'ils lui étaient destinés.

J'ai appris qu'on t'a fait d'autres propositions, et j'espère que tu ne me réclameras pas un dédit.

Ton vieil ami,
Harry.

Lettre confidentielle adressée au gouverneur de la prison de Wakefield, Yorkshire, par son ami le gouverneur de la prison d'Albany, Parkhurst, île de Wight.

Cher Frank,

Angelo Gilbert sera libéré sur parole cette semaine, et j'espère que je n'aurai pas à le regretter. Je suis assez opposé à cette libération, mais il a déjà purgé quatorze années et les réformateurs ont exercé une pression sur le ministre de l'Intérieur. Gilbert n'est pas violent. Il a tout fait pour obtenir sa liberté conditionnelle, et au cours des deux dernières années nous n'avons pas eu le moindre ennui avec lui.

Mais tu sais comme moi que certains parmi eux sont irrécupérables, même s'ils paraissent dociles, et j'ai l'impression que Gilbert est de ceux-là. Lorsque tu l'avais pour pensionnaire, il y a cinq ans, tu partageais cette opinion. Je sais qu'il est impossible de garder quelqu'un en prison jusqu'à la fin de ses jours, mais j'espère seulement qu'il ne tuera pas la première personne qu'il croisera en sortant d'ici.

En espérant te voir bientôt,

Donald.

Deuxième partie

WILLIAM

12

Ma main s'attarda sur le sein de Cassie.

— Non, William, non.

— Pourquoi ?

— Tu sais bien que ça ne me fait aucun effet, deux fois de suite.

— Allons...

— Non.

— Tu es une paresseuse.

— Et toi, un obsédé sexuel.

Elle écarta ma main, qui retrouva incontinent le chemin de sa poitrine.

— Laisse-moi te caresser...

— Non...

Elle me repoussa de nouveau.

— Je vais boire un jus d'orange et faire couler ton bain. Si tu traînes au lit, tu seras en retard.

J'admirai le corps élancé de Cassie qui se déplaçait dans la chambre. S'il lui manquait quelques rondeurs, je retrouvais dans sa nudité anguleuse ce qui m'avait attiré vers elle : une indépendance naturelle, une absence de contraintes. Elle descendit au rez-de-chaussée, puis remonta avec deux verres de jus d'orange.

— Cesse de me fixer, William.

— J'aime te regarder.

Elle gagna la salle d'eau pour faire couler mon bain et revint en se brossant les dents.

— Il est sept heures, me fit-elle remarquer.

— Je le sais.

— Tu vas finir au chômage, si tu n'es pas au manège dans dix minutes.

— Vingt minutes.

Je me levai et gagnai la salle de bains tout en buvant mon jus d'orange. Pendant que je me savonnais, je dressai un inventaire de mes raisons d'être satisfait : Cassandra Morris, une compagne merveilleuse dont je n'aurais pu me passer après sept mois de vie commune ; un emploi inespéré pour un jeune homme de vingt-neuf ans ; des revenus qui me permettaient pour la première fois d'avoir une voiture dont les éléments n'étaient pas uniquement reliés par la rouille et le hasard.

Mon rêve de devenir jockey appartenait au passé, mais j'avais malgré tout participé à des courses hippiques. De seize à vingt ans, d'abord en amateur, puis en professionnel, j'avais remporté quatre-vingt-quatre steeple-chases et vingt-trois courses de haies, en maudissant ma croissance physique. Lorsque je m'étais cassé la jambe en tombant de cheval, je mesurais un mètre quatre-vingts, et j'avais encore grandi de cinq centimètres au cours de mes six mois d'immobilisation.

Ces cinq centimètres avaient provoqué l'effondrement de mon rêve. Certains jockeys d'obstacles étaient assez grands, mais ils surveillaient leur poids. Je me privai presque totalement de nourriture... On me jugea encore trop grand et trop lourd, et à vingt ans je fus engagé comme entraîneur assistant. A vingt-trois ans, je travaillais dans une agence qui achetait et vendait des pur-sang, et à vingt-six, dans un haras, loin des hippodromes. L'année d'après, j'étais employé dans une clinique vétérinaire pour chevaux de course qui dut bientôt cesser toute activité quand les propriétaires estimèrent préférable de faire abattre leurs bêtes. Ensuite, je passai quelques mois dans le bureau d'un commissaire-priseur spécialisé dans la vente des pur-sang, un emploi bien rémunéré mais sans intérêt. Entre chacune de ces places, je dépensais tout ce que j'avais gagné à parcourir le monde. Ce n'est qu'à court d'argent que je regagnais mon pays et me mettais en quête d'un nouvel emploi.

Je venais de rentrer en Angleterre lorsque je reçus un télégramme de Jonathan :

« Prends le prochain avion. Travail intéressant dans le milieu hippique anglais si tu viens immédiatement. Jonathan. »

Seize heures plus tard, j'étais sur le seuil de sa maison californienne, et le lendemain matin je me présentai chez une personne qu'il avait rencontrée lors d'une réception. Je reconnus immédiatement cet homme entre deux âges, de taille moyenne et aux cheveux grisonnants. Dans le milieu des courses hippiques, tout le monde connaissait ce propriétaire américain qui réalisait d'énormes bénéfices en revendant très cher des chevaux auxquels il avait fait subir un entraînement.

— Luke Houston, dit-il en me tendant la main.

— William... Derry.

Sur un balcon qui surplombait le Pacifique, il me proposa de partager son petit déjeuner composé de pamplemousses et d'œufs durs, et m'adressa des regards pénétrants avant de déclarer :

— Warrington Marsh, mon homme de confiance en Angleterre, vient d'avoir une attaque. Il va mieux, mais il ne pourra pas reprendre ses activités avant longtemps. Mais mangez, je vous en prie, et expliquez-moi pourquoi je devrais vous confier son poste. Temporairement, bien sûr.

Seigneur ! pensai-je. Je n'avais ni l'expérience, ni les relations de Warrington Marsh.

— Je suis capable de me consacrer entièrement à mon travail, lui répondis-je.

— Savez-vous en quoi consistent les activités de Marsh ?

— Je l'ai vu sur les hippodromes et pendant les ventes. Je connais ses fonctions mais j'ignore l'étendue de ses responsabilités.

— Votre frère m'a assuré que vous avez acquis une bonne expérience générale.

Je lui dressai la liste des emplois que j'avais tenus, conscient qu'aucun d'eux n'inspirait beaucoup de considération.

— Des diplômes ?

— Non, j'ai quitté le collège à dix-sept ans, et je ne suis pas entré à l'Université.

— Des revenus personnels ?

— Mon parrain avait laissé de quoi assurer mon éducation. Il me reste assez d'argent pour me nourrir et me vêtir, mais pas pour vivre.

Il but son café et m'en servit une seconde tasse.

— Savez-vous à quels entraîneurs j'ai confié mes chevaux, dans les îles Britanniques ?

— Oui, monsieur. Shell, Thompson, Miller et Sandlache en Angleterre. Donavan en Irlande.

— Appelez-moi Luke.

— Luke.

— Vous sentez-vous capable de régler toutes les questions financières ? Warrington en assumait l'entière responsabilité. Les millions vous font-ils peur ?

Je regardai l'océan, et décidai de répondre avec franchise.

— Un peu. A partir d'un certain niveau, on risque de considérer qu'un ou deux zéros supplémentaires sont sans importance.

— Il faut consacrer de fortes sommes à l'achat des meilleurs pur-sang. Vous sentez-vous de taille ?

— Oui.

— Précisez votre pensée.

— Ce n'est pas l'achat des meilleurs pur-sang qui m'inquiète. On peut porter un jugement presque infaillible sur un yearling[1] dont le père et la mère sont connus. Mais les choses se compliquent quand les parents sont inconnus.

— Pourriez-vous me garantir que tous les chevaux que vous achèteriez, ou que vous recommanderiez à mes entraîneurs, remporteraient des victoires ?

— Non, c'est impossible.

— Selon vous, quel serait le pourcentage de vainqueurs ?

— Approximativement cinquante pour cent. Certains ne courraient jamais, d'autres ne seraient pas à la hauteur de nos espoirs.

Pendant près d'une heure, il m'interrogea sur

1. Yearling : pur-sang âgé d'un an. *(N.d.T.)*

mon passé et mon expérience ; il voulait évaluer mon aptitude à imposer ma volonté à des entraîneurs plus âgés que moi, mes connaissances en comptabilité, opérations bancaires et marché des changes, et mes capacités à juger du bien-fondé des conseils vétérinaires et diététiques. Il me semblait qu'il sondait le moindre recoin de mon cerveau, et je craignais qu'il choisisse finalement une personne plus âgée que moi.

— Seriez-vous intéressé par un emploi stable, aux horaires réguliers, avec tous vos week-ends et une retraite assurée ?

— Non, répondis-je aussitôt, sans prendre le temps de réfléchir.

— C'est un cri du cœur, mon garçon.

— Eh bien...

— Je vous donne un an. Vous aurez un budget que vous ne devrez pas dépasser et je surveillerai toutes vos transactions. Mais je n'interviendrai que si vous avez des ennuis. Acceptez-vous ?

Je pris une profonde inspiration.

— Oui.

Il sourit et me serra la main.

— Je vous ferai parvenir un contrat, mais rentrez immédiatement en Angleterre et mettez-vous au travail. La situation se dégrade rapidement, lorsqu'il n'y a plus de responsable. Vous irez voir Nonie, la femme de Marsh Warrington. Je lui téléphonerai pour l'avertir de votre venue, et vous pourrez vous installer dans le bureau de son mari en attendant mieux. D'après votre frère, vous n'êtes pas un sédentaire, mais cela ne me gêne pas.

Il sourit de nouveau.

— Je n'aime pas les animaux domestiques.

Comme presque tout ce qui se rapporte à la vie américaine, les termes du contrat qui me parvint peu après mon retour en Angleterre étaient beaucoup plus précis que les propos de l'homme qui l'avait signé. Ils stipulaient ce que je *devais*, ce que je *pouvais*, et ce qu'il m'était *interdit* de faire. Houston me laissait une grande liberté dans certains domaines, aucune dans d'autres ; c'était normal. Il n'était pas pensable qu'il confiât toute la gestion de son département anglais à un inconnu sans prendre quelques précautions. J'apportai ce contrat à un conseiller juridique qui m'assura qu'il avait été rédigé par des juristes rompus à ce genre de travail.

— Dois-je le signer ?

— Oui, si cet emploi vous intéresse. Ce contrat est rigoureux mais sans pièges.

Tout cela avait eu lieu huit mois plus tôt, et j'étais rentré en Angleterre sans réellement croire à ma chance. Là, malgré la mauvaise volonté de Warrington Marsh et l'animosité de sa femme, je vendis plusieurs chevaux sans avenir en limitant les pertes. Je parvins rapidement à m'imposer auprès des entraîneurs et, jusqu'à ce jour, aucune de mes décisions ne s'était révélée désastreuse. En dépit de mes lourdes responsabilités, j'appréciais chaque instant de cette nouvelle existence.

Cassie apparut dans la salle de bains et me demanda :

— Vas-tu te décider à sortir de la baignoire ? Et pourquoi ce sourire béat ?

— La vie est belle...

— Elle le sera moins si tu arrives en retard.

Je sortis de la baignoire et l'embrassai.

— Pour l'amour de Dieu, habille-toi. Et tu ne t'es pas encore rasé !

Elle me tendit une serviette.

— Le café est chaud, mais il n'y a plus de lait.

Je m'habillai et descendis au rez-de-chaussée en me baissant pour éviter de me cogner aux linteaux des portes basses. La maison de campagne que nous avions louée à Six Mile Bottom, au sud de Newmarket, avait été bâtie au XVIIe siècle par un architecte qui ignorait que la taille des hommes ne serait plus la même trois cents ans plus tard.

Nous avions passé l'été dans cette maison qui nous convenait parfaitement malgré sa faible hauteur de plafond. Des pommiers poussaient dans le verger, des guêpes se cherchaient un nid dans le toit. Au rez-de-chaussée, la salle à manger jouxtait mon bureau, et un salon confortable s'agrémentait d'une cheminée que nous n'avions pas encore eu l'occasion d'essayer. Les rideaux à carreaux rouges, les fauteuils à bascule et les lumières tamisées renforçaient le caractère intime de cette maison où j'avais parfois envie de m'installer définitivement.

Nous avions découvert ce logement grâce à Bananas Frisby, un ami de longue date qui possédait une auberge dans le village. Un jour, je m'étais arrêté chez lui :

— Je cherche une maison.

— Tu n'as plus envie de vivre à bord de ton vieux bateau ?

— Je l'ai vendu. On finit par se lasser de tout et j'ai rencontré une délicieuse jeune fille.

— Une jeune fille qui n'a pas envie de passer son existence à gratter du vernis écaillé ?

— Exactement.

— Je penserai à toi.

Une semaine plus tard, il me téléphonait chez Warrington : il avait dégotté une petite maison de campagne et me conseillait de la visiter. Les propriétaires, des Londoniens qui ne voulaient pas vendre mais avaient besoin d'argent, étaient prêts à la louer à une personne qui ne comptait pas s'y installer définitivement.

— Je leur ai dit que tu ne peux pas rester en place, avait-il précisé. Je les aime bien, ce sont des gens charmants, alors ne me fais pas faux bond.

L'auberge de Bananas était presque aussi vieille que notre maison ; elle se dégradait lentement, faute d'un entretien suffisant. Bananas n'avait pas de famille, pas d'héritier — rien qui l'eût incité à réaliser les travaux nécessaires. Il achetait des plantes vertes pour dissimuler les taches d'humidité qui apparaissaient sur les murs. Depuis que je le connaissais, le nombre de ses pots de fleurs avait triplé, et à présent du lierre entrait à l'intérieur par les fenêtres. Lorsqu'un client remarquait les taches sombres, Bananas prétendait que les plantes en étaient responsables ; seuls les habitués savaient la vérité.

Le restaurant de Bananas était sa grande fierté. Il proposait une cuisine légère, tellement succulente que la moitié des jockeys d'Angleterre venaient régulièrement chez lui. Depuis que j'avais goûté à son savoureux canard rôti, il ne se passait pas de semaine sans que je cède à la tentation de m'offrir un festin à sa table.

Comme d'habitude, il était déjà levé lorsque je partis pour le manège. Il balayait, essuyait, ouvrait les fenêtres pour chasser les odeurs de la veille. En dépit de son embonpoint, il débordait d'énergie. Il n'était assisté que par deux employées, avec lesquelles il se comportait en tyran. Dans la cuisine, Betty mitonnait imperturbablement ses plats tandis que Bessie, derrière le comptoir, préparait les consommations avec une dextérité de prestidigitatrice. Bananas exerçait les fonctions de maître d'hôtel et de serveur. Il dressait le couvert, conseillait les clients, apportait les plats et les additions, et nettoyait les tables tout en discutant avec ses hôtes. Je l'avais observé si souvent que je connaissais son secret : il ne perdait jamais de temps à se rendre dans la cuisine. Betty plaçait les mets sur un passe-plats dissimulé aux regards des clients, et les couverts sales disparaissaient par une trappe.

— Qui les lave ? lui avais-je un jour demandé.

— Moi. Après la fermeture, je les range dans le lave-vaisselle.

— Tu ne dors jamais ?

— C'est une perte de temps.

Quatre heures de sommeil par nuit semblaient lui suffire.

— Mais pourquoi t'épuiser à la tâche ? Tu devrais engager du personnel.

Il m'avait fixé d'un air apitoyé.

— Les employées donnent plus de travail qu'elles n'en abattent.

Bananas fermait son restaurant à la fin du mois de novembre et partait aux Antilles, d'où il ne revenait qu'en mars, au début de la saison des courses de plat. Il ne supportait pas le froid et préférait travailler huit mois sans prendre de repos, pour vivre le reste de l'année sous le soleil et les palmiers.

Ce matin-là, Simpson Shell faisait travailler son meilleur cheval. C'était l'aîné des cinq entraîneurs de Luke Houston et il avait fini par accepter ma présence. Cela ne l'empêcha pas de se renfrogner en me voyant.

— Bonjour, William.

— Bonjour, Sim.

J'observai le poulain en lequel mon patron avait placé ses espoirs pour la saison prochaine.

— Ses mouvements sont souples, ajoutai-je.

— Comme toujours.

Le ton de sa voix trahissait son mépris et son impatience. Ni les compliments ni les flatteries ne changeraient l'opinion qu'il avait de moi. A ses yeux, je n'étais qu'un blanc-bec qui l'avait obligé à vendre deux chevaux qu'il aurait aimé garder. Il désapprouvait cette vente. « Warrington n'aurait jamais fait une chose pareille », il se plaindrait auprès de Luke...

Je n'avais plus entendu parler de cette affaire, soit qu'il se fût ravisé, soit que Luke m'eût soutenu, mais son hostilité envers moi s'en était renforcée car, si ma décision permettait à Luke Houston d'économiser des frais d'entraînement inutiles, elle privait Simpson de revenus substantiels. Sans doute attendait-il pour crier victoire que ses anciens chevaux remportassent une course. Cela, Dieu merci, n'était pas encore arrivé.

Comme tous les entraîneurs de Luke, il travaillait également pour d'autres propriétaires. Nos chevaux représentaient le sixième de ses ressources, un revenu trop élevé pour qu'il pût risquer de le perdre. C'est sans doute ce qui l'obligeait à me ménager.

Je lui demandai des nouvelles d'une pouliche qui boitait ; il me répondit en bougonnant que l'animal allait mieux. L'attention que je portais aux chevaux l'irritait, mais si je n'avais pas manifesté mon intérêt il eût écrit à Luke pour l'informer que je négligeais mes devoirs.

Dans Bury Road, Mort Miller m'apprit que les dix chevaux de Luke mangeaient de bon appétit et semblaient impatients de se mesurer à leurs adversaires. Il ne nourrissait qu'à contrecœur les bêtes paresseuses, et approuvait mes décisions. Je ne m'inquiétais pas du climat de nervosité dans lequel il faisait vivre ses chevaux, car j'avais confiance en lui.

Une fois par semaine, je rendais visite à Thompson et Sandlache, dans le Berkshire, et je passais deux jours par mois chez Donavan, en Irlande. Mes rapports avec ces entraîneurs étaient plus détendus qu'avec Simpson Shell. Comme moi, ils pensaient que les bêtes dont je m'étais débarrassé n'avaient aucun avenir ; je comptais consacrer l'argent ainsi économisé sur leur rémunération pour leur confier de nouveaux yearlings dès le mois d'octobre.

Cette existence me plaisait, et je craignais de la regretter à l'expiration du contrat.

En quittant le manège, je m'arrêtai au village pour récupérer un poste de radio laissé en réparation ; puis je remplis le réservoir de ma voiture et passai à l'auberge de Bananas pour acheter quelques bières.

Mon ami travaillait à la cuisine. Le restaurant

n'ouvrirait que dans une heure mais tout était déjà prêt pour recevoir les clients.

— Il y a un type qui te cherchait, m'annonça Bananas.

— A quoi ressemblait-il ?

— Plutôt costaud. C'est la première fois que je le vois, mais je lui ai expliqué où tu habitais.

Il s'interrompit pour adresser un regard menaçant à Betty qui chipait du raisin dans une corbeille de fruits.

— Je lui ai dit que tu avais dû t'absenter.

— Tu sais ce qu'il me voulait ?

— Non.

Il enfila son tablier et alla au bar.

— C'est peut-être trop tôt pour toi ? me demanda-t-il en se glissant derrière le comptoir.

— Un peu.

Il hocha la tête et prépara méthodiquement son apéritif habituel : du cognac agrémenté de deux cuillerées de crème glacée à la noix et à la vanille.

— Cassie est partie travailler, me dit-il.

— Rien ne t'échappe.

— Sa voiture jaune est reconnaissable à un kilomètre, et j'étais sorti nettoyer les fenêtres.

Il mélangea la glace à l'alcool, puis porta le verre à ses lèvres.

— Délicieux.

— Ton embonpoint ne m'étonne plus.

Il me sourit. Il estimait que sa propre corpulence faisait disparaître les complexes de ses clients obèses.

Il ne comprenait pas que son excentricité naturelle pût surprendre son entourage. Certains soirs, il lui arrivait de révéler sa véritable nature : sous son apparente jovialité, j'avais découvert un profond pessimisme. Il déplorait ce qu'il appelait l'incapacité de la race humaine à vivre harmonieusement dans un monde magnifique. Il se vantait de n'avoir ni Dieu ni maître ; la politique le laissait indifférent. Il s'étonnait que la famine sévît dans les zones tropicales pourtant si fertiles ; que l'homme volât les terres de son voisin, que l'on s'entre-tuât, qu'on torturât au nom de la liberté. Tout cela l'écœurait. Il constatait que la situation n'avait pas changé depuis la préhistoire et concluait son discours en affirmant qu'il ne fallait pas espérer qu'elle s'améliorât tant que notre sale espèce ne serait pas exterminée.

— Mais tu sembles pourtant heureux, lui avais-je fait remarquer un jour.

— Tu es un oiseau qui se laisse emporter par les vents. Tu serais un épervier, si tu n'avais pas de si grandes jambes.

— Et toi ?

— Le suicide représente l'unique solution, mais rien ne presse.

Il s'était servi un autre cognac.

— A notre foutue civilisation !

Il se prénommait en réalité John-James, et son surnom provenait du « Bananas Frisby », un pudding à base d'œufs, de rhum, de banane et d'orange qui figurait presque toujours à son menu. Ce sobriquet de « Bananas » convenait à son physique, mais pas à sa personnalité.

— Tu as remarqué ?

— Quoi ?

— Je me laisse pousser la barbe.

J'examinai attentivement sa mâchoire.

— Elle a besoin d'engrais.

— Très drôle. L'époque du gros Bananas est révolue. Tu assistes à la naissance d'un aubergiste bien en chair et distingué.

Il but une gorgée d'alcool et essuya sa bouche du revers de la main.

Il portait sa tenue habituelle : chemise à col ouvert, pantalon de flanelle grise et chaussures de tennis. Ses cheveux bruns clairsemés dissimulaient incomplètement son crâne et, comme le Frisby du soir était semblable à celui de midi, je me demandai en quoi une barbe pourrait transformer sa personnalité.

— Tu peux me vendre une ou deux tomates ? Tu sais, des italiennes.

— Pour ton déjeuner ?

— Ouais.

— Cassie ne te fait pas à manger ?

— Ce n'est pas prévu dans nos conventions.

Je réglai les bières et les tomates, lui promis de revenir avec Cassie afin qu'elle pût admirer sa barbe, et rentrai chez moi.

Je me garai devant la maison et suivis l'allée. Je tenais le poste de radio, les bières et les tomates dans une main, et de l'autre je cherchais mes clés.

Je n'avais pas menti à Cassie : réellement, je trouvais ma vie agréable. Elle se déroulait à l'abri du chaos décrit par Bananas. Aussi me sembla-t-il étrange de voir soudain surgir un individu brandissant une batte de base-ball. J'eus le temps d'apercevoir une silhouette corpulente et un bras levé, mais pas celui de comprendre que l'inconnu allait me frapper : c'était déjà chose faite.

La batte retomba sur mon crâne et le choc

m'envoya rouler sur le sol. Je lâchai la radio, les boîtes de bière et les tomates, et sombrai dans une quasi-inconscience.

Une main saisit mes cheveux et releva brutalement ma tête. Des paroles sans signification me parvinrent.

— Ce n'est pas... Merde !

L'homme me lâcha et un second coup de batte acheva l'œuvre du premier. Je ne ressentis rien. Je glissai dans un trou noir.

Ensuite, je compris qu'on essayait de me faire lever. Je résistai quand j'entendis :

— D'accord, reste allongé si tu veux.

J'avais l'impression de tournoyer dans l'espace. L'inconnu réussit finalement à me remettre sur mes jambes et je recouvrai mes esprits.

— Bananas...

— Pour te servir. Que s'est-il passé ?

Je titubai.

— Entrons dans la maison, me dit Bananas en prenant mon bras.

Il me soutint jusqu'à la porte. Elle était fermée.

— Les clés, marmonnai-je.

— Où sont-elles ?

Je désignai le sol. Bananas me laissa pour aller les chercher et je demeurai adossé à la porte. A son retour, il m'annonça sur un ton inquiet :

— Tu es couvert de sang.

Je baissai les yeux vers ma chemise et touchai le tissu.

— Ce sang a des pépins.

Bananas regarda ma poitrine de plus près.

— Les tomates... Viens.

Nous entrâmes dans la maison et je m'effondrai

dans un fauteuil, en proie à une épouvantable migraine. Bananas fouilla les placards, puis chercha l'endroit où je rangeais le cognac.

— Tu ne peux pas attendre d'être rentré chez toi ?

— Ce n'est pas pour moi.

— Il n'y en a plus.

Bananas n'insista pas. Il devait se souvenir qu'il avait vidé la bouteille, une semaine plus tôt.

— Peux-tu me faire du thé ?

— Si tu veux, répondit-il sur un ton résigné, avant de se mettre à l'ouvrage.

Pendant que je buvais mon thé, il m'expliqua qu'il avait vu une voiture s'éloigner très rapidement de chez moi ; c'était celle de l'homme qui avait demandé où j'habitais. D'abord déconcerté, puis inquiet, il avait finalement décidé de venir s'assurer que tout allait bien.

— Et je t'ai découvert là, assommé.

— J'ai reçu un coup sur la tête.

— Précision superflue.

— Une batte de base-ball...

— Tu as vu ton agresseur ?

— Oui, pendant une seconde.

— Qui était-ce ?

— Aucune idée. Un voleur, sans doute.

— Qu'est-ce qu'il t'a volé ?

Je posai la tasse et inspectai la poche revolver de mon pantalon. Mon portefeuille y était toujours. Je le pris et vérifiai son contenu. Rien ne manquait.

— Si l'argent ne l'intéressait pas, que voulait-il ?

— Il te cherchait.

— Et il m'a trouvé.

Je secouai la tête, ce qui n'était pas une excellente idée.

— Que t'avait-il demandé exactement ?

Bananas réfléchit un instant.

— Pour autant que je m'en souvienne : « Où vit Derry ? »

— Est-ce que tu pourrais le reconnaître ?

— Je ne pense pas. Je me souviens seulement d'un individu ni jeune ni vieux, à la voix brutale. Mais j'avais du travail et je n'ai pas fait attention.

Chose étrange, je n'avais vu mon assaillant que pendant une seconde, mais j'en gardais un souvenir plus précis que Bananas. Un homme trapu, au teint cireux, aux cheveux grisonnants. Et un regard menaçant. Le flou, au bord de l'image, était dû au mouvement descendant de son bras. Mais j'ignorais si ce souvenir était fidèle et si j'aurais pu reconnaître cet homme.

— Est-ce que tu peux rester seul, William ?

— Bien sûr.

— Betty va manger tout le raisin et m'attendre sans rien faire. Cette abrutie fait la grève. Ce sont ses propres termes. La grève, je te demande un peu. Elle n'appartient pourtant pas à un syndicat. Son principe de base consiste à ne prendre aucune initiative.

— Pourquoi ?

— Elle voudrait une augmentation, pour s'acheter un cheval. J'aimerais la voir le monter : elle a près de soixante ans.

— Retourne au restaurant. Ça va mieux.

— Téléphone à un médecin, en cas de besoin.

— Évidemment.

Il ouvrit la porte d'entrée et regarda le jardin.

— Tes boîtes de bière sont dans les pensées.

Il sortit pour les ramasser. Je le suivis. Lorsque j'atteignis la porte, il se tenait au milieu de l'allée avec trois boîtes de bière et une tomate, et scrutait les fleurs violettes et jaunes.

— Qu'est-ce qu'il y a ? m'étonnai-je.

— Ta radio.

— Je venais de la faire réparer.

— Dommage.

Son intonation m'incita à aller le rejoindre. Ma radio, ou plutôt ce qui en restait, avait atterri dans les pensées. Boîtier, cadran, circuits imprimés et haut-parleur, tout avait été écrasé.

— C'est moche, déclara Bananas.

— Le dépit. Et une batte de base-ball.

— Mais pourquoi ?

— Il a dû me prendre pour quelqu'un d'autre. Après m'avoir frappé, il a semblé surpris. Je me rappelle l'avoir entendu jurer.

— Un excité, commenta Bananas en regardant la radio.

— Mm...

— Avertis la police.

Je pris les bières et le saluai de la main alors qu'il s'éloignait. Puis je contemplai le poste de radio brisé. A quoi eût ressemblé ma tête, si mon agresseur s'était acharné sur elle comme sur l'appareil ?

Je frissonnai et rentrai à la maison pour rédiger le compte rendu que j'adressais chaque semaine à Luke Houston.

13

Je n'allai ni consulter un médecin ni porter plainte à la police ; je n'avais pas de temps à perdre.

Cassie prit la chose avec philosophie, mais, étonnée que je ne lui eusse pas proposé de faire l'amour, en conclut que je devais avoir le crâne fêlé.

— Nous nous rattraperons demain, répondis-je.

Le lendemain soir, Jonathan me téléphona. Il lui arrivait parfois de prendre des nouvelles de son frère cadet, ce qui, l'avouerai-je, n'était pas pour me déplaire. Bien qu'il vécût à près de dix mille kilomètres de Newmarket, il restait mon plus fidèle ami.

Quel dommage qu'il fût marié avec Sarah. J'aurais vu Jonathan plus souvent, si je m'étais entendu avec sa femme, mais je ne pouvais me faire à son caractère autoritaire ni à ses sarcasmes. Jamais je n'avais trouvé grâce à ses yeux et je m'étais senti presque soulagé le jour où j'avais appris qu'ils étaient sur le point de se séparer. Hélas ! ils n'avaient pas tardé à se réconcilier. Mais, si Sarah se comportait de façon plus tolérante avec Jonathan, elle reprenait en ma présence son ton cassant et ses remarques désobligeantes. Je ne faisais que de brefs séjours chez eux. Mon instabilité était pour elle le plus grave de mes défauts. Elle répétait sans cesse que j'aurais dû m'installer quelque part et chercher un emploi régulier.

Elle était toujours belle. Mince et bronzée. Nombreux devaient être ceux qui enviaient à Jonathan son épouse si jeune en apparence malgré ses quarante-cinq ans.

— Comment va Sarah ?

Je n'omettais jamais de demander de ses nouvelles. Mais la trêve que nous respections était fragile ; simple façade de conventions, de politesses creuses et de sourires hypocrites.

— Sarah va bien. Elle t'adresse ses meilleurs vœux.

— Merci.

— Et toi ?

— Pas trop mal, pour quelqu'un qui vient de se faire assommer.

— Par qui ?

— Un type qui m'attendait avec une batte de base-ball.

— Ça va ?

— Ouais. Certaines chutes de cheval sont plus graves.

— Qui était cet homme ?

— Je l'ignore. Il a demandé mon adresse à l'auberge, mais il a dû se tromper de victime. Il cherchait peut-être un Terry... ou quelqu'un d'autre. Il a filé dès qu'il s'est rendu compte de sa méprise.

— Rien de cassé ?

— Mon crâne est intact, mais j'aimerais que tu voies ma radio.

— Quoi ?

— Quand il a découvert qu'il y avait erreur sur la personne, il s'est vengé sur mon poste de radio. Remarque bien que je n'ai pas eu le loisir de le regarder faire.

A l'autre bout de la ligne Jonathan se taisait.

— Jonathan, tu es toujours là ?

— Oui. As-tu vu cet homme ? A quoi ressemblait-il ?

Je répétai : la quarantaine, grisonnant, un teint cireux.

— Il m'a fait penser à un taureau, précisai-je.

— Et il n'a rien dit ?

— Si : que je n'étais pas l'homme qu'il cherchait.

— Comment as-tu pu l'entendre, si tu t'étais évanoui ?

Je lui expliquai la chose.

— Mais ce ne sera bientôt qu'un mauvais souvenir. Inutile de t'inquiéter.

Nous changeâmes de sujet, et il me demanda finalement :

— Tu seras chez toi, demain soir ?

— Oui, je pense.

— Je te rappellerai peut-être.

— D'accord.

Je ne pris pas la peine de savoir pourquoi. Jonathan ne répondait jamais aux questions directes par des réponses directes.

Puis j'allai me coucher avec Cassie, et nous reprîmes notre passe-temps favori.

— Crois-tu que nous nous en lasserons un jour ? me dit-elle.

— Pose-moi cette question quand nous aurons quatre-vingts ans.

Chaque jour, Cassie prenait sa petite voiture jaune pour se rendre à Cambridge, où elle passait huit heures dans les bureaux d'une société immobilière. Elle employait constamment des termes tels que « capital différé » ou « remboursement anticipé », et je m'étonnais parfois qu'elle n'eût jamais envisagé d'hypothéquer ma vie.

Longtemps auparavant, j'avais vécu près d'une année aux côtés d'une compagne qui rêvait de se marier et de fonder un foyer. J'étouffais littéralement. J'avais fui en Amérique du Sud — une conduite inqualifiable, pour citer ses parents. Cassie était différente. Bien que son but fût identique, elle prenait soin de le cacher. Peut-être avait-elle conscience que je finirais toujours par revenir en Angleterre. Un jour, pensais-je... et peut-être avec Cassie... j'achèterais une maison.

Je pourrais toujours la revendre.

Jonathan me rappela le lendemain soir et entra immédiatement dans le vif du sujet :

— Te souviens-tu de l'été où Peter Keithly a été victime de l'explosion de son bateau ?

— Lorsque son frère est mêlé à une affaire de meurtre, on ne l'oublie pas facilement.

— C'était il y a quatorze ans.

— Quand on a quinze ans, de tels événements se gravent à jamais dans la mémoire.

— Tu as sans doute raison. Mais sais-tu qui était Angelo Gilbert ?

— Le tueur.

— Tout juste. Je pense que ton agresseur est peut-être cet homme.

Mon frère n'avait pas son pareil pour couper le souffle à ses interlocuteurs.

— Cela ne semble pas t'alarmer outre mesure, remarquai-je.

Je n'en étais nullement surpris. Jonathan gardait toujours son sang-froid, même dans la situation la plus désespérée. Enfant, il m'avait sauvé d'un incendie sans que j'éprouve aucune peur : et il n'avait cessé de me sourire en m'emportant loin des flammes.

— Je me suis renseigné, dit-il. Angelo Gilbert a été mis en liberté conditionnelle il y a dix-sept jours.

— En liberté...

— Il lui a fallu quelque temps pour se réadapter et te dénicher. Si c'est lui qui t'a assommé, il a dû te prendre pour moi.

— Pourquoi penses-tu qu'il s'agissait d'Angelo ?

— A cause de ta radio. Il adorait détruire ce genre de choses : téléviseurs, chaînes stéréo. A présent il doit avoir la quarantaine, et son père évoquait pour moi un taureau. Ta description m'a immédiatement fait penser à lui.

— Seigneur ! Tu crois vraiment que c'était Angelo ?

— C'est malheureusement possible.

— Mais maintenant il sait qu'il a fait erreur sur la personne. Il me laissera tranquille.

— L'autruche n'éloigne pas les dangers en refusant de les regarder.

— Quoi ?

— Il risque de revenir.
— Merci beaucoup.
— William, tu dois prendre cela au sérieux. A vingt ans, Angelo était dangereux, et il l'est sans doute encore. C'est à cause de moi qu'il n'a pas pu mettre la main sur les programmes pour lesquels il avait tué. Alors, sois prudent.
— Rien ne prouve que ce soit lui mon agresseur.
— Fais comme si c'était lui.
— Ouais. Allez, adieu.
Il dut noter le ton désabusé de ma voix, car il répéta :
— Sois prudent, William.
Je raccrochai à regret.
— Que se passe-t-il ? s'inquiéta Cassie. Que t'a dit ton frère ?
— C'est une longue histoire.
— Raconte-la.
Je lui fis un récit qui ne respectait pas toujours l'ordre chronologique.
Je n'étais pas sûr de connaître toute la vérité. Mon frère avait été évasif sur certains points et j'étais persuadé qu'il avait dû utiliser ses fusils. Il redoutait par-dessus tout qu'on lui retirât son autorisation de détention d'armes.
— Et voilà, dis-je finalement. Jonathan a fait boucler Angelo, mais Angelo vient de sortir de prison.
Pendant mon récit, Cassie avait semblé tour à tour alarmée et amusée. Elle finit par me demander :
— Et maintenant ?
— Maintenant, si Angelo veut se venger, les hostilités vont reprendre.

— Oh non...

— Et Derry junior a quelques handicaps.

Je les énumérai sur mes doigts.

— Premièrement, je ne sais pas tirer. Deuxièmement, j'ignore presque tout des ordinateurs. Troisièmement, Angelo est sorti de prison fermement décidé à récupérer son trésor, mais je ne sais où il peut être, ni même s'il existe encore.

— Tu crois vraiment qu'il cherche à le récupérer ?

— Mets-toi à sa place. Si tu avais passé quatorze années dans une cellule à regretter ce que tu as perdu et à rêver de vengeance, tu n'aurais plus qu'une idée en tête à ta sortie : obtenir les deux. Et ce n'est pas le fait d'avoir assommé une personne innocente qui te ferait renoncer.

— Allons nous coucher.

— Je me demande s'il croit toujours à l'efficacité de ses anciennes méthodes. Je ne voudrais pas qu'il te prenne en otage.

— Sans Jonathan pour couper les fils du téléphone et avertir la police ? Allez ! viens te coucher.

— Je voudrais bien savoir comment Jonathan s'y est pris...

— De quoi parles-tu ?

— Couper les fils. Ce n'est pas simple.

— Il a dû grimper au poteau et se servir d'une paire de ciseaux.

— On ne peut pas grimper à un poteau téléphonique sans chaussures spéciales.

— Pourquoi cet intérêt soudain, après tant d'années ? Viens te coucher.

— Parce que j'ai reçu un coup sur la tête.

— Es-tu vraiment inquiet ?

— Mal à l'aise.

— En effet. Je t'ai proposé trois fois d'aller nous coucher, et tu es toujours là.

Je lui souris et me levai à l'instant même où le battant de la porte d'entrée se fracassa contre le mur, la serrure arrachée.

Angelo apparut sur le seuil, où il demeura le temps de reprendre l'équilibre qu'il avait perdu après le coup de pied qui avait défoncé la porte. Il tenait à la main sa batte de base-ball et son expression n'indiquait rien de réjouissant.

Nous n'eûmes pas le temps de protester ou de crier. Il se rua à l'intérieur et détruisit tout ce qui était à sa portée : une lampe, des poupées, un vase, un tableau... le téléviseur. Comme une tornade, il dévastait tout sur son passage. Je bondis sur lui, reçus un direct au visage et évitai de justesse le genou qui s'élevait vers mon aine. Je sentis l'odeur de sa sueur et entendis les paroles qu'il marmonnait :

— Derry... Derry... que tous les Derry soient maudits !

Cassie voulut m'aider. La batte d'Angelo atteignit son bras. Je la vis tituber sous la douleur ; de colère, je refermai mon bras autour du cou d'Angelo et tirai sa tête en arrière. Je voulais lui faire assez mal pour qu'il lâchât son arme. A vrai dire, je devais bien nourrir aussi des pensées homicides. Deux coups de coude et un autre du plat de la main assené sur mes doigts lui permirent de se dégager. Il me repoussa avec tant de force que je faillis tomber, mais je ne lâchai pas ses vêtements. Je n'avais pas l'intention de m'écarter pour le laisser encore se servir de sa massue.

C'est Cassie, malgré sa blessure, qui mit fin au combat. Elle s'était emparée du seau à charbon et lui faisait décrire des moulinets en visant Angelo. L'objet atterrit sur son crâne avec un bruit sourd. Notre visiteur s'effondra sur le tapis.

— Mon Dieu ! s'exclamait Cassie. Mon Dieu !

Des larmes roulaient sur son visage ; elle tenait son bras gauche éloigné du corps.

Angelo respirait. Il était simplement étourdi et ne tarderait pas à reprendre connaissance.

— Il faut le ligoter, dis-je, le souffle court. Mais avec quoi ?

— J'ai ce qu'il faut !

Cassie disparut dans la cuisine, dont elle revint presque aussitôt avec une corde à linge neuve, encore pliée dans son emballage.

Alors que je la déroulais avec des doigts tremblants j'entendis des pas dans l'allée. Je pensai : « Cette fois c'en est trop ! » Puis je reconnus Bananas, immobile sur le seuil, contemplant le chaos qui régnait dans la pièce.

— J'ai vu sa voiture arriver. Je fermais le restaurant...

De la tête, je désignai Angelo qui recommençait à bouger.

— Aide-moi à le ligoter. C'est lui qui a tout détruit.

Bananas fit basculer Angelo sur le ventre en lui maintenant les mains jointes derrière le dos pendant que j'attachais ses poignets puis ses chevilles.

— Et il a cassé un bras à Cassie, précisai-je.

Bananas nous regarda à tour de rôle avant de se diriger vers le téléphone qui, par miracle, était toujours intact.

— Attends. Attends.

— Cassie a besoin d'un médecin. Et il faut prévenir la police.

— Non, pas tout de suite.

— Pourtant...

— Il y a un analgésique et une seringue, dans la salle de bains. Ça devrait la soulager. Apporte la boîte à pharmacie. Elle est sur l'étagère, au-dessus de la baignoire.

Pendant qu'il s'exécutait, j'aidai Cassie à s'asseoir et plaçai un coussin sur la table du téléphone pour qu'elle puisse y reposer son bras. Les deux os de l'avant-bras devaient être brisés, car elle ne pouvait plus se servir de sa main.

— Non, William. Ça me fait mal ! Non !

— Cassie... Il faut que quelque chose le soutienne. Laisse reposer ton bras sur le coussin.

Elle m'obéit et sa pâleur augmenta.

— Je ne le sens plus...

Bananas apporta la boîte à pharmacie et l'ouvrit. Il sortit la seringue de son sachet et y versa le contenu d'une ampoule d'analgésique. Je relevai la robe de Cassie et injectai le produit dans sa cuisse.

— Dix minutes, dis-je en retirant l'aiguille. La douleur va s'estomper et nous pourrons te conduire à l'hôpital de Cambridge. C'est le seul qui soit ouvert à cette heure de la nuit.

Elle esquissa courageusement un sourire. Sur le sol, Angelo s'agitait.

Bananas revint vers le téléphone, et je dus à nouveau l'arrêter.

— Mais, William...

Je regardai le prisonnier et le désordre qui

l'entourait, symbole de son besoin de vengeance. Le résultat de quatorze années de haine contenue.

— Il a fait cela parce que mon frère est à l'origine de son incarcération pour meurtre. Il est en liberté conditionnelle, et si nous appelons la police il retournera en prison.

— Je l'espère bien, répondit Bananas qui décrocha le combiné.

— Non. Attends.

Bananas semblait sidéré. Angelo se mit à grogner, comme s'il délirait. Un mélange de jurons et de phrases incompréhensibles.

— L'argot des prisons, commenta Bananas.

— Tu le connais ?

— On entend bien des choses, quand on fait mon métier.

— Écoute. Que se passera-t-il si je le renvoie dans sa cellule ? Il en sortira un jour ou l'autre, et il aura des raisons supplémentaires de vouloir se venger. Ce qu'il a fait — je désignai la pièce — prouve qu'il a agi sur un coup de tête. Je ne suis que le frère de Jonathan, et je ne lui ai rien fait, mais sa colère est dirigée contre l'humanité tout entière. Il éprouve une haine aveugle et incontrôlable. Je ne tiens pas à ce qu'il me prenne plus tard pour cible : il faut trouver une solution définitive...

— Tu ne veux pas dire...

— Quoi ?

— Que... non, c'est impossible.

— Ce n'est pas à cela que je pense. Bien qu'on puisse l'envisager. Des bottes en ciment et un plongeon dans la mer du Nord...

— Qui grouille de piranhas, précisa Cassie.

Bananas se tourna vers elle, visiblement soulagé, et faillit rire avant de remettre en place le combiné.

Angelo recouvra ses esprits. Lorsqu'il s'aperçut qu'il était ligoté, son visage s'empourpra et il bascula sur le dos.

— Recommencez à jurer et je vous bâillonne.

Au prix d'un effort visible, il parvint à garder le silence. Je le dévisageai. Il ne ressemblait plus à l'homme dont j'avais étudié le portrait dans les journaux : ses cheveux noirs, sa mâchoire étroite et son nez effilé avaient disparu. Ses traits étaient bouffis, sa silhouette empâtée.

« Une intelligence moyenne, m'avait dit Jonathan. Angelo a recours à l'intimidation pour obtenir ce qu'il veut. Il méprise les autres, qu'il traite de caves et de minables. »

— Angelo Gilbert, je suppose ?

Il sursauta de surprise. Il est vrai que je ne l'aurais pas identifié si Jonathan ne m'avait pas téléphoné.

— Mettons les choses au point, ajoutai-je. Ce n'est pas la faute de mon frère si vous avez fait de la prison. Vous êtes le seul à blâmer.

— Les criminels savent qu'ils courent des risques, déclara Cassie.

Bananas lui jeta un retard étonné.

— Mon bras me fait moins souffrir.

Je continuai à m'adresser à Angelo.

— Vous saviez ce que vous risquiez quand vous avez tué Chris Norwood. Ce n'est pas un hasard si vous avez purgé quatorze années de prison. Alors pourquoi m'avez-vous attaqué ?

C'était inutile. Je m'en doutais. Faire porter la responsabilité de ses malheurs sur autrui est un trait de la nature humaine.

— Votre frère m'a roulé. Il a volé ce qui m'appartenait.

— Il ne vous a rien volé.

— Si.

Sa voix ressemblait à un grondement. Cassie frissonna.

— Où est-il ? Où est votre frère ? Je n'arrive pas à le retrouver !

— Il est mort.

Ma réponse n'eut sur lui aucun effet apaisant. Bananas et Cassie s'abstinrent, heureusement, de tout commentaire.

Je me tournai vers Bananas.

— Peux-tu le surveiller, pendant que je téléphone ?

— Toute la nuit, s'il le faut.

— Est-ce que ça va, Cassie ?

— Ce produit est vraiment efficace.

— Je n'en aurai pas pour longtemps.

Je pris le téléphone, l'emportai dans le bureau dont je fermai la porte et appelai Jonathan, certain qu'il ne serait pas chez lui et que Sarah répondrait à sa place. Ce devait être l'heure de la sieste sous le soleil californien. Pourtant, ce fut lui qui décrocha. Je ne fis aucune allusion à ce qui venait de se passer.

— Je viens de penser à une chose. As-tu encore les bandes qu'Angelo convoitait ?

— Je ne crois pas. Non, nous nous sommes débarrassés de tout ce que nous avions avant de quitter Twickenham. Nous avons vendu nos meubles pour en acheter d'autres aux États-Unis. Je n'ai rien gardé. Sauf mes fusils, bien sûr. Mais attends que je réfléchisse... Il y a le jeu que j'avais expédié à Mme O'Rorke. Il m'a été retourné et je l'ai donné à Ted Pitts. Il doit l'avoir encore. Mais je ne pense pas qu'on puisse l'utiliser après tant d'années.

— Tu parles des bandes, ou de la méthode ?

— De la méthode. Elle n'a pas été tenue à jour. Ici, il y a dans le commerce des programmes qui effectuent le même genre de pronostics. Il paraît que certains sont efficaces.

— Tu ne les as pas essayés ?

— Je ne suis pas un joueur.

— Ah !

— Pourquoi veux-tu récupérer ces bandes ?

— Pour qu'Angelo se tienne tranquille, au cas où il reviendrait.

— Sois prudent.

— Sais-tu où habite Ted Pitts ?

— Renseigne-toi auprès du collège du Middlesex où nous exercions tous les deux à l'époque. Mais il est peu probable qu'il y soit encore. Je n'ai jamais reçu de nouvelles de lui. Tu pourrais peut-être retrouver sa trace par le syndicat des enseignants.

Je le remerciai, raccrochai puis regagnai le salon.

— J'ai un problème, annonçai-je à Bananas.

— Un seul ?

— Il me faut du temps.

Je regardai Angelo.

— Il y a une cave, sous cette maison...

Angelo comprit que je n'avais pas l'intention de lui rendre la liberté. Il se débattit dans l'espoir de se dégager de ses liens.

— Surveille-le pendant que je débarrasse la

cave. S'il réussit à défaire les nœuds, donne-lui un coup sur la tête.

Bananas me regarda d'un air stupéfait. En sortant, je caressai l'épaule de Cassie, pour m'excuser. Dans la cuisine, je déverrouillai la porte qui ouvrait sur l'escalier de la cave.

C'était une pièce fraîche et sèche. Il y avait un réchaud à pétrole, quelques pots de peinture, un escabeau et du matériel de pêche.

J'effectuai plusieurs voyages pour transporter le tout dans la cuisine.

Lorsque j'eus terminé, il ne restait rien dont un prisonnier eût pu se servir pour s'échapper. Je jugeai cependant préférable de le laisser ligoté, car la porte ne fermait que grâce à un simple loquet et elle était constituée de planches et d'entretoises fixées par des vis heureusement situées du côté de la cuisine. Six trous gros comme le pouce apparaissaient dans la partie supérieure, sans doute destinés à assurer la ventilation. Cette barrière ne résisterait pas à un coup de pied comme celui qui avait défoncé la porte d'entrée.

Je regagnai le salon.

— C'est fait. Angelo, vous allez descendre dans la cave. Ou vous acceptez, ou vous retournez en prison. Ce que vous avez fait — je désignai la pièce, puis le bras de Cassie — vous fera perdre immédiatement le bénéfice de la liberté conditionnelle. Vous serez renvoyé derrière vos barreaux.

— Vous ne pouvez pas faire une chose pareille !

— Si. C'est vous qui avez commencé, et vous en subirez les conséquences.

— Je vous aurai.
— Vous avez déjà essayé, et vous vous y êtes mal pris, Angelo. Je ne suis pas mon frère. Jonathan était plus malin que vous et il vous a bien eu, cependant, il n'aurait jamais utilisé sa force physique. Moi, je n'ai pas ces scrupules...
Angelo lâcha une bordée d'injures. Bananas tressaillit et se tourna vers Cassie.
— J'ai entendu pire, assura-t-elle.
Je m'adressai à Angelo.
— Vous avez le choix. Ou vous vous laissez porter au bas des marches sans vous débattre, ou vous résistez et je vous tire jusqu'à la cave par les pieds.
Cette menace resta sans effet. Il tenta de me mordre au moment où je me baissais pour le prendre par le bras. Je saisis la corde qui immobilisait ses chevilles et le tirai par les pieds, jusqu'au bas des marches de la cave pendant qu'il criait et jurait.
Je le déposai loin de l'escalier et remontai à la cuisine sans éteindre la lumière.
Après avoir bloqué le loquet en glissant le manche d'un couteau dans la fente, je formai un rempart entre le réfrigérateur et la porte à l'aide d'un escabeau, d'une table et de deux chaises.
Il jurait encore quand je regagnai le salon.

14

— Le moment est venu de prendre une décision.

Je me tournai vers Bananas.

— Tu n'es pas directement concerné. Tu peux aller t'occuper de ton lave-vaisselle et oublier ce qui vient de se passer.

Il embrassa la pièce d'un œil consterné.

— J'avais promis que tu laisserais les lieux dans l'état où on te les avait confiés.

— Je remplacerai tout ce qui peut l'être, et je rembourserai le reste en présentant mes excuses les plus plates.

— Tu ne viendras jamais à bout de cet énergumène tout seul. Combien de temps as-tu l'intention de le garder prisonnier ?

— Le temps de retrouver un dénommé Pitts.

Je leur fis part de mes intentions ; Bananas soupira, et déclara qu'il estimait mon projet sensé, compte tenu des circonstances. Il ajouta qu'il m'aiderait dans la mesure de ses moyens.

Nous installâmes Cassie dans ma voiture et je la conduisis à Cambridge pendant que Bananas remettait de l'ordre dans le salon avec son efficacité habituelle. Il était impossible de réparer la porte d'entrée, que les éclats de bois empêchaient de refermer ; aussi avait-il promis de monter la garde jusqu'à notre retour.

A l'hôpital, je tins compagnie à Cassie pendant qu'elle attendait qu'on daignât s'occuper d'elle. Il fallait faire une radiographie de son bras, mais le service fermait à minuit, et tous les radiologues étaient rentrés chez eux. Ils ne consentaient à quitter leur lit que pour les urgences graves.

Une infirmière plaça une gouttière sous le bras de Cassie et lui injecta un autre analgésique. Puis elle la conduisit dans une chambre. Avant de partir, j'embrassai ma compagne quand elle me dit :

— N'oublie pas de donner à manger au taureau.

Les infirmières durent attribuer la bizarrerie de cette recommandation à l'effet des tranquillisants.

A mon retour, Bananas dormait. Allongé sur le canapé, il rêvait sans doute de palmiers. Le chaos qui régnait dans la pièce à mon départ avait disparu. Dans la cuisine, je découvris ma barricade renforcée par quatre planches prélevées dans le garage ; la porte était bloquée sur toute sa hauteur. L'interrupteur avait été abaissé et la cave baignait dans l'obscurité.

Malgré mes précautions, Bananas se réveilla. Il s'assit et bâilla.

— J'ai mis les débris dans le garage, me dit-il. Pas dans la poubelle. J'ai pensé que tu pourrais en avoir besoin.

— Tu es formidable. Angelo a-t-il essayé de sortir ?

Bananas fit une grimace.

— C'est un coriace.
— Tu lui as parlé ?
— Il prétendait que tu avais trop serré les liens et que la circulation sanguine s'était arrêtée. Je suis allé voir, mais il mentait. Ses doigts étaient roses. Il m'attendait au milieu de l'escalier, espérant me faire un croc-en-jambe. Dieu seul sait ce qu'il croyait obtenir.
— Nous intimider, pour que je le libère.
— Je suis remonté dans la cuisine et j'ai refermé la porte. Quand j'ai éteint la cave, il s'est mis à hurler de rage, et m'a énuméré ce qu'il te ferait quand il serait libre.
Je regardai ma montre. Cinq heures. Le soleil se lèverait bientôt. La journée du vendredi s'annonçait mal. Je bâillai.
— Deux heures de sommeil nous feraient du bien...
— Et lui ?
— Il ne risque pas d'étouffer.
— Je te découvre sous un jour nouveau.
Je souris. Il devait me juger aussi cruel que notre prisonnier. En quoi il se trompait : j'étais convaincu qu'Angelo était revenu pour tuer, pour achever ce qu'il avait commencé, tout en connaissant parfaitement mon identité. J'étais un tendre, comparé à cette brute.
Bananas partit remplir son lave-vaisselle. Je pris sa place sur le canapé ; la chambre me paraissait trop éloignée de la cave. En dépit de cette soirée mouvementée, je m'endormis immédiatement et ne m'éveillai qu'à sept heures, surpris par la sonnerie du réveille-matin. Simpson Shell avait prévu de mettre à l'épreuve deux chevaux de trois ans, et

s'empresserait d'informer Houston de mon éventuelle absence. En outre, je voulais me faire une opinion sur ces bêtes.

Les chevaux constituaient la toile de fond de mon existence, et ils m'étaient aussi nécessaires que la mer pour un marin.

Ce matin-là, je suivis la séance d'entraînement avec une force de concentration que le souvenir d'Angelo ne parvint pas à entamer. L'une des bêtes était très rapide, et Simpson me déclara avec les ménagements d'usage qu'il espérait que j'en informerais Houston.

— Je lui dirai que vous avez réalisé des merveilles. Son équilibre laissait vraiment à désirer, en mai, mais à présent je pense que ce cheval a de fortes chances de gagner, la semaine prochaine.

Comme toujours, il m'adressa un regard ambigu. Simpson avait besoin d'obtenir mon approbation, mais il ne supportait pas cette situation. Je souris intérieurement et me rendis chez Mort.

— Tout va bien, Mort ?

— Oui. Genotti se prépare pour le Saint-Léger de façon satisfaisante. Voulez-vous venir prendre votre petit déjeuner à la maison ? Bungay n'a guère d'appétit, et j'aimerais que nous en discutions. Vous avez parfois de bonnes idées. Et il faut que je vous explique certaines choses au sujet de ma facture pour Luke.

— Mort, ne pourrions-nous pas remettre cela à plus tard ? Un ou deux jours ? J'ai un problème que je dois résoudre en priorité.

— Oh ? Oh... vraiment ?

Il semblait décontenancé. C'était le premier refus que je lui opposais.

— Je regrette...
— Je vous verrai cet après-midi ?
— Hum... Oui, bien sûr.
Il paraissait satisfait, mais je n'étais pas certain de pouvoir aller à Newmarket pour assister aux courses. Trois chevaux de l'écurie de Luke y concouraient.
Je m'arrêtai en ville et achetai quelques denrées pour mon prisonnier. Je parcourus rapidement les dix kilomètres qui me séparaient de Six Mile Bottom et fis halte devant l'auberge.
Bananas avait lavé les couverts, nettoyé le bar, et répété à Betty qu'elle était trop âgée pour apprendre à monter à cheval.
— Cette vieille peau a refusé de faire la mousse de céleri. Toujours sa grève absurde.
Il prépara sa crème glacée habituelle, la décora de gingembre râpé, puis arrosa copieusement le tout de cognac.
— Je suis retourné chez toi. Il n'y a rien de nouveau. On ne peut pas entendre notre ami de l'extérieur, même lorsqu'il hurle à pleins poumons. Je m'en suis rendu compte en partant, cette nuit. Tout se passera bien, si tu ne laisses entrer personne.
— Merci.
— J'irai te donner un coup de main dès que j'aurai terminé ma glace.
— Formidable.
Jamais je n'aurais osé solliciter son aide, mais j'étais heureux qu'il me la proposât. Je regagnai la maison et portai mes achats dans la cuisine. Bananas arriva pendant que je plaçais la nourriture dans un sac en papier, et il regarda ce que j'avais préparé à côté de la porte.

— Finissons-en, dit-il. Je vais porter ça.

— Il sera aveuglé par la lumière pendant quelques secondes : même s'il a réussi à se débarrasser de ses liens, nous aurons l'avantage.

Il fallut démonter la barrière qui condamnait la porte et retirer le couteau qui bloquait le loquet. Puis je pris le sac en papier, allumai la lumière et m'engageai dans l'escalier.

Angelo était allongé sur le ventre, au centre de la pièce, les bras toujours ligotés derrière le dos.

— Le jour est levé depuis longtemps, annonçai-je d'une voix joyeuse.

Angelo bougea à peine. Il marmonna quelques mots, parmi lesquels je reconnus « salaud ».

— Je vous ai apporté à manger.

Je déposai dans un coin le sac qui contenait deux miches de pain, plusieurs bouteilles de lait, de l'eau, deux poulets rôtis, des pommes et un assortiment de sucres d'orge et de chocolat. Bananas apporta son propre chargement : couverture, coussin, quelques livres et deux seaux hygiéniques.

— Je ne compte pas vous libérer, mais je vais défaire vos liens, dis-je à Angelo.

— Va te faire voir.

— Et voilà votre montre.

La veille, je l'avais retirée de son poignet afin de pouvoir plus facilement le ligoter. Je la sortis de ma poche et la posai près de lui.

— Extinction des feux à onze heures, annonçai-je.

Je jugeai plus prudent de le fouiller : ses poches ne contenaient que de l'argent. Ni couteau, ni allumettes, ni clés.

J'entrepris de libérer ses poignets tandis que Bananas s'occupait des chevilles. En se débattant, Angelo avait resserré les nœuds à tel point que j'eus beaucoup de mal à retirer la corde. Je l'emportai avec moi et nous regagnâmes le haut des marches, d'où nous l'observâmes alors qu'il s'agenouillait avec raideur, les bras ballants.

Je refermai la porte et bloquai le loquet, puis Bananas entreprit méthodiquement de reconstruire la barricade.

— Combien de temps pourra-t-il tenir avec ce que tu lui as apporté ?

— Deux ou trois jours. Tout dépend de son appétit.

— Il a l'habitude d'être enfermé ; nous devons en tenir compte.

Il me semblait que Bananas cherchait à étouffer ses derniers scrupules. Il installa les quatre planches entre la porte de la cave et le réfrigérateur. Il les avait sciées à la bonne longueur au cours de la nuit.

— Comme ça, c'est plus sûr, dit-il. Il ne sortira pas.

— Je l'espère.

Bananas recula pour contempler son œuvre. Angelo ne pourrait pas défoncer la porte d'un coup de pied, d'autant plus qu'il devrait se tenir en équilibre sur l'une des dernières marches.

— Sa voiture doit être garée dans les parages. J'irai la chercher après avoir téléphoné à l'hôpital.

— Téléphone, je me charge de sa voiture, déclara Bananas.

Et il quitta la maison.

J'appris que l'on réduirait la fracture de Cassie

au cours de la matinée, sous anesthésie. Je pourrais passer la prendre en fin d'après-midi, à six heures, si tout se déroulait convenablement.

— Pourrais-je lui parler ?

— Un instant.

J'entendis finalement sa voix.

— Je suis complètement droguée avec ces calmants... Comment se porte notre invité ?

— Il est joyeux comme un kangourou dont les pattes seraient couvertes d'ampoules.

— Il fait des bonds de... rage ?

— Je vois que les calmants ne sont pas si efficaces.

— Oh si ! Mon corps est engourdi mais mon cerveau lance des étincelles. C'est fantastique.

— On m'a dit que je pourrai venir te chercher à six heures.

— Ne sois pas... en retard.

— Je ne peux rien te promettre.

— Tu ne m'aimes pas.

— Si. Maintenant, dors.

— Mm...

Elle éprouvait des difficultés à rester éveillée.

— A tout à l'heure, lui dis-je.

Mais je doutais qu'elle m'eût entendu.

Je téléphonai ensuite à son employeur pour lui expliquer qu'elle avait fait une chute dans l'escalier et qu'elle s'était cassé le bras, mais qu'elle reprendrait probablement son travail la semaine prochaine.

— C'est ennuyeux, dit-il. Heu... pour elle, évidemment.

— Évidemment.

Bananas arriva au moment où je raccrochais et

m'annonça que la voiture d'Angelo ne gênait pas la circulation. Elle était rangée au bout de l'impasse, là où le bitume cédait la place à la terre. Angelo avait laissé les clés de contact sur le tableau de bord. Bananas les posa sur la table.

— Si tu as besoin de quoi que ce soit, fais-moi signe.

— Je n'hésiterai pas, dis-je, reconnaissant, et il repartit à pas feutrés.

Je téléphonai ensuite à l'ancien collège de Jonathan dans l'espoir d'obtenir l'adresse de Ted Pitts. Une voix de femme me déclara sèchement qu'aucun professeur de ce nom ne travaillait ici, et que personne ne pourrait me renseigner. L'école était fermée et les cours ne recommenceraient que la semaine suivante. Elle précisa qu'elle ne connaissait qu'une seule personne ayant travaillé dans ce collège quatorze ans plus tôt : l'adjoint du principal, M. Ralph Jenkins, mais que celui-ci avait récemment pris sa retraite et qu'il était improbable qu'un seul de ses anciens assistants fût resté en contact avec lui.

— Et pourquoi ?

Après une légère hésitation, elle me répondit :

— M. Jenkins s'y serait opposé.

En d'autres termes, pensai-je, M. Jenkins était un râleur acariâtre. Je la remerciai et lui demandai si elle pouvait me communiquer l'adresse du syndicat des enseignants.

— Voulez-vous également le numéro de téléphone ?

— Oui, s'il vous plaît.

Je téléphonai aussitôt au syndicat. Ted Pitts ? Ted, le diminutif d'Edward ? Comme je le supposais, on me pria d'attendre. J'appris qu'Edward Farley Pitts n'était plus membre du syndicat. Il avait résilié son inscription cinq ans plus tôt. Oui, sa dernière adresse connue m'intéressait.

Je notai un nouveau numéro de téléphone, ainsi qu'une adresse. Je composai ce numéro et je distinguai une voix de femme couverte par de la musique et des voix d'enfants.

— Comment ? J'entends mal.

— Ted Pitts, pourriez-vous me dire où il demeure ?

— Vous vous êtes trompé de numéro.

— Il a habité à cette adresse.

— Comment ? Une minute... Taisez-vous, les enfants. Quel nom avez-vous dit ?

— Ted Pitts...

— Terry, arrête la chaîne. On ne s'entend plus, ici. Arrête-la. Tu vas obéir, oui ?

La musique s'interrompit.

— Que disiez-vous ?

Je lui expliquai que je souhaitais retrouver mon vieil ami Ted Pitts.

— Est-ce qu'il n'a pas trois filles ?

— C'est exact.

— C'est à lui que nous avons acheté cette maison. Terry, cogne une fois de plus la tête de Michelle contre le mur et tu t'en repentiras. Où en étais-je ? Ah, oui, Ted Pitts. Il nous a laissé son adresse, mais cela fait des années et je ne sais pas où mon mari l'a rangée.

Je lui assurai que c'était très important.

— Si vous pouvez attendre, je vais chercher. Terry. *Terry !*

Le claquement d'une gifle retentit dans l'écouteur, puis les pleurs d'un enfant. Les joies de la famille...

Pendant une éternité, je perçus les cris indistincts des enfants qui se chamaillaient, puis mon interlocutrice refit surface.

— Je suis désolée, mais c'est toujours la même chose. On ne peut jamais mettre la main sur quoi que ce soit, dans cette maison. Mais j'ai sa nouvelle adresse.

— Vous êtes merveilleuse, dis-je en notant les coordonnées de Pitts.

Elle rit.

— J'en ai par-dessus la tête de ces gamins !

— L'école doit reprendre la semaine prochaine.

— Dieu soit loué !

Je raccrochai et composai le numéro qu'elle m'avait indiqué, mais personne ne répondit. Je refis le numéro dix minutes plus tard, en vain.

J'allai à la cuisine. Aucun bruit ne parvenait de la cave. Je mangeai des corn-flakes, attendis quelques instants, puis recomposai le numéro.

Rien.

En regardant la porte d'entrée, je fus pris d'une inspiration subite. Je me ruai dans le garage à la recherche d'un ciseau à bois et d'une feuille de papier de verre, ôtai les éclats du bois avant de poncer l'arête, et réussis à refermer la porte après avoir enlevé la serrure cassée De l'extérieur, le battant semblait intact ; cependant, il s'ouvrait à la moindre pression. Je pensai à nos charmants mais curieux voisins qui venaient parfois nous proposer du miel de leurs ruches.

Je composai une fois de plus le numéro de téléphone de Ted Pitts. Pas de réponse.

Je poussai une commode devant la porte d'entrée et sortis en passant par la fenêtre de la salle à manger. Je gagnai ensuite l'auberge et expliquai à Bananas quel chemin il faudrait désormais emprunter pour entrer chez moi.

— Tu voudrais que *je*...

— Seulement en cas de besoin.

— Où vas-tu ?

Je lui montrai l'adresse.

— Je dois essayer.

Mill Hill est un quartier des faubourgs nord de Londres. Je m'y rendis en me concentrant sur la conduite. J'essayais de ne pas penser à Cassie inconsciente, ni à Angelo captif. Un accident de la circulation eût été le comble.

Il s'agissait d'une maison isolée, banale, sur une rue tranquille et bordée d'arbres. Elle semblait inoccupée.

Je remontai l'allée et regardai par les fenêtres. Des murs et un sol nus, pas de rideaux.

Découragé, je sonnai à la porte de la maison voisine, sans obtenir de réponse. Je tentai ma chance avec d'autres maisons, mais personne ne connaissait Ted Pitts, même si certains avaient vu quelques enfants aller et venir. Les arbustes et les arbres isolaient les demeures et les protégeaient des regards.

C'est dans une maison de l'autre côté de la rue, et d'où l'on apercevait un recoin du jardin des Pitts, que j'obtins une indication. La porte s'entrouvrit de trente centimètres et j'aperçus une femme corpulente qui avait des bigoudis roses sur la tête et une meute de petits chiens à ses talons.

— Si vous êtes un représentant, je vous avertis que je ne veux rien acheter, déclara-t-elle aussitôt.

Je lui racontai que Ted Pitts était mon frère, qu'il m'avait communiqué sa nouvelle adresse, mais que j'avais égaré sa lettre. Or, je devais le contacter rapidement. Après que j'eus répété six fois cette fable, elle parut convaincue.

— Je ne le connaissais pas, déclara-t-elle sans ouvrir plus largement la porte. Il n'a pas vécu ici bien longtemps. Je crois même que je ne l'ai jamais vu.

— Mais... vous l'avez vu emménager... puis déménager.

Elle adressa un regard affectueux à sa meute.

— Je promène mes chiens, voyez-vous, et je passe devant cette maison tous les jours.

— Vous souvenez-vous quand les Pitts sont partis ?

— C'était il y a si longtemps. C'est étrange que votre frère ne vous l'ait pas dit. La maison est restée en vente pendant des mois, et elle vient seulement d'être rachetée. Les employées de l'agence immobilière ont enlevé la pancarte il n'y a pas une semaine.

— Connaissez-vous le nom de l'agence ?

— Seigneur, j'ai vu cette pancarte une centaine de fois. Laissez-moi réfléchir... Hunt Bleach !

— Quoi ?

— Hunt BLEACH. B.L.E.A.C.H. Des pancartes jaunes avec des lettres noires. Vous en remarquerez beaucoup, si vous faites attention.

— Merci.

Elle fit bouger ses bigoudis roses et referma la porte. J'inspectai les environs, jusqu'au moment où j'aperçus une pancarte jaune sur laquelle je lus : Hunt Bleach. Agence locale à Brodway, Mill Hill.

L'histoire de la quête du frère me valut des regards de compréhension ou de pitié, et me permit d'obtenir quelques résultats. Une jeune femme à l'air maussade m'apprit qu'un certain Jackman s'était occupé de cette vente, mais qu'il était parti en vacances.

— Pourriez-vous consulter ses dossiers ?

Elle prit conseil auprès de ses collègues, qui estimèrent sans enthousiasme que les circonstances l'autorisaient peut-être à déroger à la règle de discrétion. Elle gagna la pièce voisine et j'entendis des tiroirs s'ouvrir et se fermer.

— Voilà, monsieur Pitts.

Il me fallut quelques instants pour m'habituer à mon nom d'emprunt.

— Ridge View, Oaklands Road.

— Pourriez-vous m'indiquer le chemin à suivre ?

Elle en était incapable. L'une de ses collègues se porta à son secours :

— Suivez cette route jusqu'au rond-point, et bifurquez en direction de Londres. Prenez ensuite la première à gauche, jusqu'au sommet de la colline, et vous trouverez Oaklands Road sur la droite.

— Formidable ! m'écriai-je avec un soulagement qu'elles durent juger bien naturel.

Je suivis fidèlement ces instructions et parvins rapidement à la maison, un petit bâtiment de brique brune, coiffé d'un toit aux tuiles assorties et percé de petites fenêtres encadrant une porte de chêne. Des buissons dissimulaient le reste. Je me garai dans une large allée menant à un double garage, et sonnai à la porte.

Rien ne se produisit. Je n'entendais que le grondement lointain de la circulation et le bourdonnement des abeilles qui tournaient autour d'un bac de fleurs. Je sonnai de nouveau sans plus de résultats.

Si l'enjeu n'avait pas été si important, j'aurais probablement renoncé et je serais rentré chez moi. Je ne pouvais même pas me renseigner auprès des voisins ; les maisons s'alignaient toutes du même côté de la route, en face d'une colline boisée ; elles étaient largement espacées et bien protégées des regards indiscrets.

Je sonnai pour la troisième fois tout en tergiversant : devais-je attendre, revenir plus tard, ou laisser un mot priant Ted Pitts de me contacter ?

La porte s'ouvrit sur une jolie femme bronzée, vêtue d'une robe de plage.

— Oui ?

Je remarquai ses cheveux bruns et bouclés et ses yeux bleus.

— Je cherche Ted Pitts.

— Vous êtes chez lui.

— Je suis le frère d'un de ses anciens amis. Est-ce que je pourrais le voir ?

— Il n'est pas à la maison.

Elle me dévisagea avec méfiance.

— Comment s'appelle votre frère ?

— Jonathan Derry.

Après une brève pause, elle se fit soudain très joyeuse.

— Jonathan ! Voilà des années que nous n'avons pas entendu parler de lui !

— Êtes-vous... Mme Pitts ?

— Oui. Je suis Jane. Entrez.

— Je suis William.

— N'étiez-vous pas en pension dans un collège ?

— Le temps passe...

— Je n'aurais pas cru que tant d'années s'étaient écoulées. Suivez-moi.

Elle me guida dans un vestibule froid et sombre et nous atteignîmes un large escalier descendant, aux marches recouvertes de moquette verte. Je découvris en bas que la maison était bâtie à flanc de colline ; l'intérieur, ultramoderne, très vaste et extraordinairement luxueux, me surprit.

L'escalier donnait sur une salle dont le plafond ajouré laissait entrer le soleil qui réchauffait les eaux claires d'une piscine. J'aperçus des canapés et des tables basses près de l'escalier et, dans la partie ouverte, des fauteuils de relaxation en rotin. J'estimai qu'aucun professeur n'aurait pu s'offrir une pièce aussi belle.

— Je me faisais bronzer, déclara Jane Pitts en désignant le soleil. J'ai bien failli ne pas aller ouvrir. Je ne réponds pas toujours, quand on sonne.

Nous passâmes devant des alcôves occupées par des plantes vertes et des fauteuils sur lesquels étaient étendues des serviettes de bain. Après ces pénibles recherches, j'avais envie de plonger dans la piscine.

— Nos deux plus jeunes filles doivent traîner quelque part dans la maison. Melanie, l'aînée, est mariée. Ted sera bientôt grand-père, et moi grand-mère.

— C'est incroyable...

Elle sourit.

— Ted n'avait pas terminé ses études, quand nous nous sommes mariés.

Elle désigna les sièges. Je m'assis au bord d'un fauteuil, pendant qu'elle s'allongeait sur un autre. A l'extérieur, la pelouse descendait en pente douce vers le nord-est de la ville. L'horizon se perdait dans une brume pourpre et bleutée.

— Cette maison est formidable !

— Nous avons eu beaucoup de chance de la trouver. Nous ne l'habitons que depuis trois mois, mais je ne crois pas que nous en partirons.

Elle désigna le ciel.

— Le toit se referme avec des panneaux solaires qui coulissent. Les anciens propriétaires nous ont affirmé que la salle gardait une température élevée, en hiver.

Je voulus savoir si Ted travaillait toujours dans l'enseignement. Elle me répondit qu'il donnait parfois des cours d'informatique à l'Université. Malheureusement, il ne rentrerait pas avant le lendemain soir. Il serait désolé de m'avoir manqué, affirma-t-elle.

— Il faut absolument que je le voie. C'est urgent.

— Il est près de Manchester, mais je ne sais pas exactement où. Il est parti ce matin, mais il ignorait encore dans quel hôtel il descendrait.

— A quelle heure doit-il rentrer, demain ?

— Tard. Je ne sais pas.

Elle remarqua mon inquiétude et ajouta, comme pour s'excuser :

— Vous pourriez passer dimanche matin de bonne heure, si c'est très important.

15

La journée du samedi s'écoula avec une lenteur exaspérante.

Cassie tournait en rond, son bras plâtré immobilisé dans une gouttière, et Bananas vint nous rendre visite à trois ou quatre reprises. Bien qu'aucun d'eux n'exprimât ses inquiétudes, je les sentais anxieux. Cela faisait presque deux jours que nous retenions Angelo prisonnier, et je commençais à douter du bien-fondé de cette décision.

— Libérons-le, proposa Bananas lorsqu'il revint après la fermeture du restaurant. Tu auras des ennuis, si quelqu'un découvre ce qui se passe. Maintenant, Angelo sait que tu n'es pas un dégonflé et il n'osera pas revenir.

— Il est trop arrogant pour céder à l'intimidation. Il veut sa revanche, et il reviendra la prendre.

Ils échangèrent un regard triste.

— Allons, courage.

— Je ne comprends pas comment tu as pu aller tranquillement assister aux courses, déclara Bananas.

Ce n'est pas « tranquillement » que je m'étais

rendu à l'hippodrome, sur le terrain d'entraînement et chez Mort. Je voulais qu'aucune des personnes que j'avais l'habitude de rencontrer ne soupçonne quelque chose. Je m'étonnais qu'il fût si facile de dissimuler un délit : n'importe qui en était capable.

— Je suppose qu'il vit toujours, insinua Cassie.

— Il est monté en haut de l'escalier pour hurler des insultes, dit Bananas qui regarda sa montre. Il y a de cela neuf heures et demie. Je lui ai crié de se taire.

— Il t'a obéi ?

— Il s'est mis à jurer de plus belle.

Je souris.

— Voilà qui nous prouve qu'il est bien vivant.

Comme pour le confirmer, Angelo se mit à donner des coups dans la porte et à proférer des obscénités qui nous étaient désormais familières. Je gagnai la cuisine et m'approchai de la barricade. Je profitai d'un silence entre deux bordées d'injures, pour lui dire d'une voix forte :

— Angelo.

— Salaud !

— Extinction des feux dans cinq minutes.

— Je te tuerai.

Cette menace qui aurait dû me donner la chair de poule me laissa indifférent. Je savais depuis longtemps que j'avais affaire à un meurtrier.

— Cinq minutes, répétai-je, avant de repartir.

Dans le salon, Bananas ressemblait à un pirate avec sa chemise à col ouvert, ses tennis et sa barbe de quatre jours. Un pirate inoffensif. Il me désapprouvait, mais il me comprenait. Il était confronté à ce paradoxe : il faut employer la violence pour combattre la violence. Ce conflit intérieur le minait.

Il s'assit sur le canapé et but deux cognacs d'affilée, un bras sur l'épaule de Cassie qui ne s'en formalisait pas. Il estimait scandaleux que nous fussions à court de sa boisson favorite ; aussi avait-il apporté sa propre bouteille.

Je laissai encore cinq minutes à Angelo, puis éteignis la cave où régnait un silence inquiétant.

Bananas embrassa Cassie, remarqua son air fatigué et annonça qu'il avait encore tous les couverts du restaurant à laver. Puis il porta un toast et vida son verre.

— Que Dieu accorde le repos à tous les prisonniers. Bonne nuit.

— Il a l'air presque peiné pour Angelo, me dit Cassie après son départ.

— Ce n'est pas parce qu'une personne s'apitoie sur le sort d'un tigre en captivité qu'elle sera épargnée par lui. Angelo ne sait pas ce qu'est la compassion. Il n'y voit que de la faiblesse. Voilà pourquoi il ne faut pas lui faire de cadeau en s'attendant à ce qu'il renvoie l'ascenseur.

Elle me fixa.

— C'est une mise en garde, n'est-ce pas ?

— Tu es trop tendre.

Elle réfléchit un instant, puis alla chercher un crayon et écrivit sur son plâtre :

NE PAS OUBLIER LES TIGRES.

— Est-ce que ça fera l'affaire ?

— Oui. Et s'il hurle qu'il a l'appendicite ou qu'il souffre de la peste bubonique, contente-toi de lui glisser des cachets d'aspirine par les espaces de ventilation. Dans un cornet en papier, pas avec les doigts.

— Il n'a pas encore pensé à ça.

— Ça va venir...

Nous allâmes nous coucher mais, comme la nuit précédente, mon sommeil fut irrégulier et agité, car je demeurai attentif aux bruits qui s'élevaient de la cave. Cassie dormait plus paisiblement : elle finissait par s'habituer à son plâtre. Son bras, disait-elle, ne la faisait plus souffrir, elle se sentait simplement lasse.

A travers la fenêtre, les nuages bleus et le rougeoiement du ciel me semblaient lourds de menaces. Pourtant, c'était la première fois que je faisais preuve d'une telle détermination. Je ne m'étais encore jamais senti l'âme d'un chef, même si je n'avais jamais aimé que l'on me commande. Jamais je n'aurais cru réussir aussi vite à m'imposer aux cinq entraîneurs de Luke. Selon moi, on ne pouvait acquérir de l'autorité que confronté à certaines situations. La présence d'Angelo révélait en moi des possibilités insoupçonnées. Peut-être les capacités d'un homme se développaient-elles au gré des nécessités du moment ; mais que se passait-il quand celles-ci disparaissaient ? Que devenaient les généraux, à la fin d'une guerre ? Quant à moi, lorsque le problème d'Angelo serait résolu, lorsque mon contrat passé avec Luke expirerait, il faudrait coûte que coûte que je m'adapte aux nouvelles données de mon existence.

Le ciel se métamorphosait lentement. Les nuages gris-mauve viraient peu à peu au blanc et l'aube commençait à poindre. Je me levai et m'habillai. Ce ciel-là mentait : l'apparition du soleil ne dissipait pas les menaces.

J'allais partir lorsque le regard de Cassie me

retint. J'y lus ce qu'elle se refusait à me dire : Dépêche-toi. Reviens vite. J'ai peur avec Angelo.

— Installe-toi près du téléphone. Bananas accourra, si tu l'appelles.

Elle acquiesça en silence. Je l'embrassai et partis. Je roulais rapidement sur les routes désertes en direction de Mill Hill. Il n'était que huit heures et demie lorsque je m'engageai dans Oaklands Road, mais Jane m'ouvrit aussitôt, vêtue d'une sortie de bain.

— Entrez. Nous sommes dans la piscine.

Là, je découvris deux jolies adolescentes et un homme très mince, à la calvitie naissante, qui nageait avec aisance. Le toit était ouvert sur un ciel à présent dégagé et un petit déjeuner composé de céréales et de fruits occupait une table basse. La famille Pitts avait l'air de très bien supporter la fraîcheur matinale.

L'homme se hissa avec agilité hors de la piscine et s'ébroua en regardant dans ma direction.

— Je suis Ted Pitts, dit-il. Je ne vois absolument rien, sans mes lunettes.

Je lui serrai la main en souriant. Il chaussa les lunettes à montures noires que lui tendait sa femme, et alla chercher une serviette de bain.

— William Derry ?

— Oui.

— Comment va Jonathan ?

— Il vous transmet ses amitiés.

Ted Pitts sourit et entreprit d'essuyer vigoureusement sa poitrine. Il s'interrompit brusquement pour me dire :

— C'est vous qui m'avez appris comment me procurer un livre des performances.

Cela faisait si longtemps... Je parcourus la demeure magnifique du regard et posai la question qui m'obsédait.

— La méthode de paris. Était-elle efficace ?

La mine rayonnante de Ted Pitts indiquait sa satisfaction.

— Selon vous ?

— Tout ceci...

— Tout ceci.

— Je ne l'aurais jamais cru avant de venir, l'autre jour.

— Cela nécessite beaucoup de travail, bien sûr. Je me déplace sans cesse. Mais le jeu en vaut la chandelle...

— Depuis combien de temps...

— Je joue ? Depuis que Jonathan m'a donné ces bandes. Pour le premier Derby... J'ai emprunté cent livres en gageant ma voiture, pour obtenir de quoi miser. C'était une folie. Je ne pouvais pas me permettre de perdre. A l'époque, c'est tout juste si nous avions de quoi manger. J'ai fait cela en désespoir de cause. Mais le système semblait efficace à en croire Liam O'Rorke.

— Et vous avez gagné ?

— Cinq cents livres. Une fortune. Je n'oublierai jamais ce jour. Jamais.

Il sourit ; un triomphe enfantin dans sa simplicité.

— Je n'en ai parlé à personne. Pas même à Jonathan ou à Jane. Je n'avais pas l'intention de recommencer, vous comprenez ? J'étais si heureux que tout se soit bien passé. Mais la tentation était trop forte...

Il posa la serviette sur l'accoudoir du fauteuil.

— Et je me suis dit : Pourquoi pas ?

Je regardai ses filles qui sautaient dans la piscine en se tenant par la taille.

— J'ai quitté le collège trois mois plus tard. Je ne pouvais pas supporter la tutelle du chef de la section de mathématiques. Un certain Jenkins. J'avais décidé de remettre ma démission à Noël, si je gagnais de quoi acheter un ordinateur pendant les vacances d'été ; dans le cas contraire, je serais resté pour utiliser la machine de l'établissement, en me contentant de quelques gains de temps en temps.

Jane vint nous rejoindre. Elle apportait du café.

— Est-ce qu'il vous explique comment il a commencé à jouer ? J'ai pensé qu'il était devenu fou.

— Pas très longtemps.

— Non, en effet. Lorsque nous avons quitté notre caravane pour vivre dans une maison, achetée grâce aux gains de Ted, j'ai commencé à y croire vraiment. Et voilà où nous en sommes, tout cela grâce à Jonathan.

On me présenta les filles, que l'appétit, aiguisé par le bain, avait fait sortir de la piscine : Emma et Lucy.

J'acceptai de partager leur petit déjeuner sans pouvoir m'empêcher de penser à Cassie restée seule avec Angelo. Les planches ne céderaient pas... elles avaient résisté pendant deux jours. Pourquoi failliraient-elles précisément en mon absence ? Je regrettais malgré tout de ne pas lui avoir conseillé d'aller chez Bananas.

Les jeunes filles avaient replongé dans la piscine et Jane s'était éclipsée quand Ted s'adressa à moi :

— Comment m'avez-vous retrouvé ?

Je le fixai.

— Vous voulez sans doute me demander pourquoi ?

— Oui, certainement.

— Je suis venu pour savoir si vous accepteriez de me remettre une copie de ces bandes.

Il prit une profonde inspiration.

— C'est bien ce que je supposais.

— Acceptez-vous ?

Il observa un instant les miroitements à la surface de la piscine.

— Jonathan est-il au courant ?

— Oui. C'est lui qui m'a dit que vous étiez le seul à posséder encore ces cassettes.

— C'est normal. Après tout, elles lui appartiennent. Mais je n'ai pas de bandes vierges.

— J'en ai apporté. Elles sont dans la voiture, je peux aller les chercher ?

— Entendu. Je vais en profiter pour m'habiller.

Je revins rapidement avec six cassettes.

— Six ? Trois suffisent.

— Deux jeux ? suggérai-je.

— Oh, pourquoi pas ?

Il se détourna.

— L'ordinateur est en bas. Voulez-vous le voir ?

— Avec plaisir.

Il me guida à l'intérieur de la demeure ; nous descendîmes un escalier jusqu'à l'étage inférieur.

— Mon bureau, déclara-t-il, en me précédant dans une pièce qui offrait une vue imprenable sur Londres.

Cette pièce lambrissée ressemblait plus à un salon qu'à un bureau. J'aperçus des fauteuils, un téléviseur, des rayonnages chargés de livres. Sur une chaise, je vis une paire de chaussures d'alpiniste et, à côté, un sac de couchage plié dans son carton. Ted suivit mon regard.

— Je compte me rendre en Suisse dans une semaine ou deux. Avez-vous déjà fait de l'alpinisme ?

— Je n'ose pas m'attaquer aux pics. Je préfère les terrains plats...

Il fit coulisser un panneau, révélant un comptoir recouvert de matériel électronique.

— Je n'ai pas besoin de tout ceci pour établir mes pronostics. Mais les ordinateurs me passionnent...

Il caressa les surfaces métalliques et je vis dans son geste une réelle tendresse.

— Je n'ai jamais vu fonctionner ces programmes, lui dis-je.

— Voulez-vous assister à une démonstration ?

— Volontiers.

Avec une grande dextérité, il glissa une cassette dans un magnétophone et m'expliqua qu'il demandait à la machine de chercher le programme « EPSOM ».

— Que savez-vous en informatique, William ?

— Il y avait un ordinateur au collège. Nous nous en servions pour jouer aux « Envahisseurs de l'espace ».

Il m'adressa un regard apitoyé.

— A notre époque, tout le monde devrait être capable d'écrire un programme simple. Le langage des ordinateurs est la langue universelle du monde actuel, comme le latin était celle du monde antique.

— C'est ce que vous appreniez à vos élèves ?

— Oui...

Quand PRÊT apparut sur l'écran, Ted pressa quelques touches du clavier. La question QUELLE COURSE A EPSOM ? remplaça la précédente. Ted inscrivit DERBY, et je lus :

EPSOM : LE DERBY

NOM DU CHEVAL ?

Il tapa TED PITTS, fournit des réponses fantaisistes aux questions suivantes, et obtint :

TED PITTS FACTEUR DE RÉUSSITE : 24

— Très simple, dis-je.

— Oui. Le tout est de savoir quelles questions il convient de poser, et quelle importance accorder aux réponses. Cela n'a rien de mystérieux. N'importe qui pourrait mettre au point un tel système, en prenant son temps.

— Jonathan m'a dit qu'il existe des programmes semblables aux États-Unis.

Il sortit une sorte de calculatrice de poche d'un tiroir.

— J'ai acheté l'un de ces micro-ordinateurs dont vous me parlez, par pure curiosité. On ne peut l'utiliser que pour les courses américaines, car tous les calculs sont établis pour des champs de courses ovales, que les chevaux parcourent dans le sens inverse des aiguilles d'une montre. Si l'on respecte fidèlement les instructions du manuel, il est possible de gagner. Mais, comme avec le système de Liam O'Rorke, il faut fournir un travail considérable pour obtenir des résultats.

— Sans jamais se fier à son intuition ?

— Jamais, me répondit-il avec gravité. L'intuition n'a rien de mathématique.

Je l'étudiai avec curiosité.

— Vous rendez-vous souvent sur les hippodromes ?

— Pour assister aux courses ? Pratiquement jamais. Il m'arrive de les suivre à la télévision. Mais c'est inutile. Pour gagner, il suffit de disposer d'un bon livre des performances et de faire preuve d'objectivité.

Nos approches respectives de l'univers des courses étaient opposées. La beauté des chevaux, leur rapidité, leur courage, leur détermination, tout cela se réduisait à ses yeux à de simples probabilités.

— Vos copies, ajouta-t-il. Voulez-vous qu'elles soient accessibles à tout le monde ?

— Que voulez-vous dire ?

— Si vous le désirez, on peut y insérer des mots codés afin qu'elles soient inutilisables en cas de vol.

— Vous êtes sérieux ?

— Absolument. J'ai toujours codé mes programmes.

— Et... comment faites-vous ?

— C'est la chose la plus simple au monde. Je vais vous montrer.

Il manipula quelques interrupteurs ; sur l'écran apparut le mot PRÊT, suivi d'un point d'interrogation.

— Vous voyez ce point d'interrogation ? Il signifie que la machine attend une réponse. Si on ne lui fournit pas le mot correct, on ne peut pas aller plus loin. Essayez, et regardez le résultat.

J'inscrivis EPSOM. Ted pressa la touche ENTRÉE. La question PRÊT ? revint sur l'écran.

Ted sourit.

— Sur cette bande, le mot de passe est BIEN SÛR. Pour l'instant, tout au moins. Il est facile d'en changer.

Il inscrivit BIEN SÛR et appuya sur ENTRÉE.

QUELLE COURSE A EPSOM ?

— Vous voyez le point d'interrogation ? Il faut toujours lui fournir une réponse.

J'estimai que la marche à suivre était déjà bien assez complexe, et déclarai à Ted que les mots de passe étaient superflus.

— Comme vous voulez.

Il inscrivit BREAK puis LIST 10-80, et le texte changea de format et de nature.

— C'est le programme lui-même, m'expliqua Ted. Vous voyez le pas 10 ?

Pas 10, je lus : INPUT A$: IF A$ = « BIEN SÛR » THEN 20 ELSE PRINT « PRÊT ? »

Pas 20, je lus : PRINT « QUELLE COURSE A EPSOM ? »

— Faute d'écrire BIEN SÛR, on ne peut pas atteindre le pas 20.

— Formidable. Mais il suffit d'accéder au programme pour découvrir le mot de passe.

— Rien n'est plus facile que d'interdire le listage d'un programme. Quand on achète des programmes dans le commerce, il est presque toujours impossible de les lister. Dans le cas contraire, on pourrait en faire des copies, et personne ne tient à ce que l'on subtilise le résultat de son travail.

— Je préfère les bandes qu'on peut lister, et sans mots de passe.

— Comme vous voudrez.

— Comment allez-vous vous débarrasser du mot de passe ?

Il sourit, composa le nombre 10, et appuya sur ENTRÉE. Puis il inscrivit de nouveau LIST 10-80, mais cette fois le programme qui apparut sur l'écran débutait par le pas 20.

— Élémentaire, comme vous pouvez le constater.

— Effectivement.

— Supprimer tous les mots de passe et faire des copies va me prendre un certain temps. Pourquoi ne pas aller m'attendre près de la piscine ? Pour être franc, j'irai plus vite si je suis seul.

J'acceptai avec joie et allai m'installer dans un fauteuil. Jane me parla de ses filles pendant plus d'une heure, jusqu'à ce que Ted nous rejoignît avec les cassettes pour me faire quelques recommandations.

— Pour ces programmes, vous aurez besoin soit d'un vieil ordinateur Grantley, or il n'en existe plus beaucoup de nos jours, où l'on fait beaucoup mieux, soit de n'importe quel ordinateur capable de recevoir ses programmes à partir de cassettes.

Il remarqua mon incompréhension et répéta ce qu'il venait de dire.

Je finis par comprendre, mais il dut s'y reprendre à deux fois pour m'expliquer comment charger le BASIC Grantley qui se trouvait au début de la face 1, dans un ordinateur commercial ne possédant aucun langage propre.

— Bonne chance, me dit-il.

Je remerciai de tout cœur Ted et Jane, puis je pris rapidement congé.

A peine sur le chemin du retour, la crainte

qu'un malheur fût arrivé m'incita à m'arrêter devant une cabine téléphonique. J'appelai Cassie, qui décrocha dès la première sonnerie. Elle paraissait terrorisée.

— Je suis heureuse de t'entendre, me dit-elle. Tu comptes rentrer bientôt ?

— Je pense arriver dans une heure environ.

— Dépêche-toi...

— A cause d'Angelo ?

— Il essaie de défoncer la porte depuis ton départ. Je suis allée dans la cuisine. Il ébranle les planches et il finira par faire sauter la porte de ses gonds, s'il continue. J'ai tenté de renforcer la barrière, mais avec un seul bras...

— Cassie, va retrouver Bananas.

— Mais...

— Vas-y, mon amour. Je t'en supplie.

— Et s'il sort ?

— S'il sort, je préfère que tu sois en sécurité auprès de Bananas.

— Entendu.

— A tout de suite.

Je raccrochai et me ruai dans la voiture. Je traversai Royston Heath comme une flèche. En ville, j'évitai les embouteillages en empruntant la voie express, puis je quittai la route principale pour entrer dans Six Mile Bottom.

Je m'étais interrogé tout au long du chemin sur ce que ferait Angelo, s'il parvenait à se libérer. Détruire la maison ? L'incendier ? Se dissimuler pour attendre mon retour ?

La seule chose dont j'étais certain était qu'il ne se contenterait pas de partir sans demander son reste.

16

Je suivis prudemment l'allée en direction de la porte d'entrée, qui n'était plus bloquée par la commode ; avec son plâtre, Cassie n'aurait pu passer par la fenêtre.

Les oiseaux pépiaient dans le jardin. Je pensai qu'ils se seraient tus si Angelo s'était dissimulé dans les buissons. Je poussai la porte.

La maison était silencieuse. J'allai à la cuisine, convaincu que le prisonnier avait réussi à s'échapper.

Angelo avait arraché une latte de la porte et fait tomber deux planches. Le battant était toujours fermé, mais le couteau n'immobilisait plus le loquet.

L'ouverture pratiquée dans la porte était suffisamment grande pour permettre le passage d'un bras, mais pas celui d'un homme. La table, les chaises et les deux planches du bas n'avaient pas bougé, mais la barrière ne résisterait plus longtemps. J'arrivais juste à temps.

— Angelo !

Il apparut presque aussitôt derrière l'ouverture, furieux de mon retour, et passa ses deux mains dans l'ouverture pour tenter d'arracher les planches latérales. Je notai qu'une de ses mains était ensanglantée.

— Je vais vous laisser sortir, lui dis-je. Inutile de vous fatiguer.

— Je t'aurai.

— D'accord. Mais écoutez-moi, car ce que j'ai à vous dire va vous intéresser.

Il attendit, contenant sa rage.

— Vous prétendez que mon frère vous a volé ces bandes de programmation. Elles ne vous appartenaient pas, mais il serait inutile d'en discuter. Elles sont ici, dans cette maison. Il m'a fallu quelque temps pour les retrouver, et c'est pourquoi j'ai dû vous laisser plusieurs jours dans la cave. J'ai l'intention de vous remettre ces cassettes. Vous m'écoutez ?

Il ne répondit pas, mais je savais qu'il m'accordait toute son attention.

— Vous avez regretté pendant quatorze années le trésor qui vous avait échappé. Je vais vous le donner. Pendant quatorze ans, vous avez pensé au jour où vous pourriez tuer mon frère. Il est mort. Vous êtes venu chez moi et avez tout cassé. Ce serait suffisant pour vous faire perdre le bénéfice de la liberté conditionnelle, mais je suis disposé à ne pas porter plainte. Cependant, en échange des bandes et de votre liberté, vous devrez disparaître et me laisser tranquille.

Il me fixa sans changer d'expression et sans manifester la moindre joie.

— Pendant toutes ces années, vous avez tellement ruminé votre vengeance que vous ne concevez plus de vivre sans elle. Mais, si je vous offre la liberté et ce que vous avez tant désiré, j'espère que vous oublierez le passé. Est-ce que vous comprenez ?

Il garda le silence.

— Si vous acceptez ma proposition, rendez-moi le couteau que vous avez pris et je vous remettrai les trois bandes et les clés de votre voiture. Elle est toujours à sa place.

Il s'obstinait dans son mutisme.

— Si vous refusez cette offre, je téléphone aux policiers pour 'eur dire de venir vous chercher, et je leur apprendrai que vous avez cassé le bras de mon amie.

— Ils te boucleront aussi, pour m'avoir séquestré.

— C'est possible. Mais vous n'aurez jamais ces bandes. Jamais. Je les détruirai immédiatement.

Il s'écarta de la porte, pour reparaître une minute plus tard.

— Tu veux me berner. Comme ton frère.

— Je n'ai aucune raison de le faire. Je souhaite seulement que vous disparaissiez définitivement de mon existence.

— D'accord. Donne-moi les bandes.

Je regagnai le salon et choisis un exemplaire de chaque bande. Après avoir glissé les trois autres cassettes dans un tiroir, je revins dans la cuisine. Angelo était toujours derrière la porte, silencieux et méfiant.

— Les bandes, dis-je en les lui montrant. Et les clés de contact. Où est le couteau ?

Il leva la main pour me le montrer : un couteau de table à la lame peu tranchante, mais dangereux entre ses mains.

Je posai les cassettes sur un plateau que je lui tendis. Il avança le bras à travers l'ouverture pour les prendre.

— Le couteau.

Il le lâcha sur le plateau. Je le récupérai et le remplaçai par les clés. Il s'empara du tout.

— C'est bon. Descendez dans la cave. Je vais démonter la barrière. Ensuite, vous pourrez remonter et partir. Et, si vous avez envie de m'attaquer, n'oubliez pas que vous êtes en liberté conditionnelle.

Il acquiesça d'un signe de tête, à contrecœur.

— Avez-vous toujours l'ordinateur que vous aviez acheté il y a quatorze ans ?

— De dépit, mon père l'a détruit quand j'ai été condamné.

Tel père, tel fils...

— Les bandes sont toujours en BASIC Grantley, lui dis-je. Le langage est au début de la face 1.

Ses sourcils se froncèrent. Je savais que je ne parviendrais ni à le calmer, ni à lui inspirer la moindre reconnaissance.

— Descendez, je vais débloquer la porte.

Il obéit. Je retirai les dernières planches et repoussai la table et les chaises. Puis je me postai prudemment derrière ce rempart improvisé.

— Montez, ouvrez le loquet et filez.

Il sortit rapidement. Il tenait les cassettes dans sa main ensanglantée et ses clés dans l'autre. Il m'adressa au passage un regard moins menaçant que les précédents, puis traversa le salon. Je le suivis jusqu'à la porte d'entrée et le vis s'éloigner rapidement dans l'allée. Peu après, sa voiture passa en trombe devant la maison ; il semblait craindre que je me sois ravisé et que j'aie décidé d'appeler la police. Mais je ne souhaitais qu'une chose : être débarrassé de lui, à jamais.

Une odeur de fauve flottait dans la cave.

J'avais réuni une pelle, un balai, un tuyau d'arrosage et un désinfectant, quand Bananas et Cassie entrèrent.

— Nous t'avons vu arriver, dit-elle. Et nous avons assisté à son départ. Je voulais intervenir, mais Bananas m'a dit que je risquais de tout faire rater.

— Il a eu raison.

Je l'embrassai.

— Angelo a horreur de perdre la face, ajoutai-je.

— Lui as-tu donné ces bandes ? s'enquit Bananas.

— Oui.

— Si seulement elles pouvaient le ruiner, dit Cassie.

— Peu probable. La fortune de Ted Pitts doit s'élever à un million de livres.

— Vraiment ?

Elle ouvrit de grands yeux.

— Alors, pourquoi ne pas...

— C'est un travail qui réclame beaucoup de disponibilité et de travail. Ted Pitts s'est installé à huit cents mètres de la nationale. Je suis sûr qu'il passe le plus clair de son temps sur cette route. Il doit constamment se rendre dans les villes du Nord pour faire le tour des bureaux de paris. Hier, il était près de Manchester. Une ville différente chaque jour, afin de préserver son anonymat.

— Pourquoi ? s'étonna Bananas.

Je lui expliquai ce qui arrivait à ceux qui gagnaient trop souvent.

— Je parie qu'aucun book ne soupçonne l'existence de Ted Pitts.

— Si tu faisais comme lui, je suppose qu'on aurait vite fait de te reconnaître.

— Sur les hippodromes, oui. Dans les bureaux de paris des grandes villes, je ne serais qu'un client comme les autres.

Ils me fixaient tous les deux, hésitants.

— Je me vois mal finir mes jours ainsi...

— Pense aux bénéfices, dit Bananas.

— Non imposables, renchérit Cassie.

Je revis la magnifique maison de Ted Pitts. Je l'imaginai en train de gravir les pentes des montagnes suisses, mais aussi en train de faire la navette toute l'année entre les bureaux de paris. Est-ce qu'un million de livres méritait le sacrifice de la vie indépendante et sereine que j'avais connue au cours de ces derniers mois ? J'avais signé le contrat qui me liait à Luke en sachant qu'il expirerait au bout d'un an. Le caractère provisoire de cette situation me séduisait par-dessus tout.

Bananas m'interrompit dans mes réflexions.

— Alors ?

— Un jour peut-être. Quand je n'aurai plus le choix.

— Tu manques de bon sens.

— Fais-le toi-même. Ferme ton auberge, et va courir les routes.

Il réfléchit un instant.

— C'est vrai, il n'y a pas que l'argent dans la vie.

— Un jour, vous vous lancerez tous les deux, affirma Cassie avec conviction. Personne ne peut rester assis sur une mine d'or et être paresseux au point de ne pas se baisser pour ramasser les pépites.

— Tu crois que c'est simplement de la paresse ?

— Bien sûr. Qu'est devenue votre âme d'aventuriers ?

Elle vibrait d'enthousiasme. J'attribuai sa joie autant au départ d'Angelo qu'à la fortune qui miroitait devant nos yeux.

— Si tu n'as pas changé d'avis à l'expiration de mon contrat avec Luke Houston, je ferai un essai. Seulement pendant quelque temps.

— Tu fais bien le difficile.

C'est avec un moral d'acier que j'entrepris le nettoyage de la cave. En fin d'après-midi, nous étions tous trois assis au soleil sur la pelouse. Cassie et Bananas envisageaient déjà mille façons de dépenser le magot que je finirais tôt ou tard par amasser.

Ils étaient convaincus que la soif de vengeance d'Angelo avait disparu, et affirmaient même qu'il nous avait rendu service, car, sans lui, je n'aurais jamais recherché Ted Pitts.

J'étais sceptique. Les tours de passe-passe de Jonathan avaient empêché Angelo de nuire pendant quatorze ans, mais cette solution s'était révélée provisoire. Angelo était devenu un tueur endurci, beaucoup plus violent que le jeune homme que Jonathan m'avait décrit.

Les points de vue changeaient avec le temps. Les échecs pouvaient se transformer en réussite et les victoires en défaites. J'avais toujours hésité entre le rire et les pleurs au moment où un événement se produisait.

Notre existence reprit son cours normal. Cassie retourna travailler malgré son bras dans le plâtre. Bananas inventa une nouvelle spécialité à base d'œufs et d'épices, et j'effectuai quelques incursions dans les haras pour évaluer les aptitudes des yearlings qui seraient bientôt proposés à la vente. J'avais conscience que l'instant décisif approchait : le test qui permettrait à Luke de me juger. L'acquisition d'un cheval qui remporterait des victoires serait une bonne chose ; celle d'un poulain capable de fonder une dynastie serait un coup de chance. Mais, dans la plupart des cas, les décisions apportaient seulement des résultats bons, moyens ou passables. J'espérais surtout commettre le moins d'erreurs possible.

Je sillonnai le pays pendant une semaine, assistai à plusieurs courses et rencontrai dans le Berkshire deux des entraîneurs de Luke. Je consacrais le reste de mon temps à étudier le registre généalogique. Sim, l'un des entraîneurs, me déclara sèchement qu'il désirait être consulté avant l'achat d'un animal qui lui serait confié, et Mort, le second, me fit part nerveusement de ses préférences pour Sir Ivor, Nijinsky et Danseur du Nord.

Cassie m'accompagna le premier jour des ventes, captivée par l'atmosphère électrisée des stands. Chaque année, à Newmarket, des fortunes s'effondraient plus rapidement qu'à la Bourse un jour de krach. Mais l'heure était à l'optimisme. On ne parlait que de vitesse et de victoire, dans l'euphorie du premier jour et des comptes en banque encore bien garnis.

— Quelle animation ! s'exclama Cassie. Tout le monde a l'air si joyeux...

— Le plaisir d'acheter. Les déceptions surviendront la semaine prochaine. Et puis l'abattement. Ou alors, avec de la chance, le soulagement.

— Mais aujourd'hui...

— Aujourd'hui, il est encore possible de s'offrir le futur vainqueur du derby d'Epsom.

Ce soir-là, j'achetai deux poulains et une pouliche à des prix élevés, heureux d'avoir contraint des acquéreurs importants à renoncer ; mais je ne savais pas si leur abandon venait du fait que j'avais fait monter les enchères trop haut ou parce qu'ils s'étaient laissé intimider.

Je restai jusqu'à la fin, cédant à l'enthousiasme de Cassie ; j'espérais aussi réaliser d'excellentes affaires après le départ des gros acheteurs. J'acquis le dernier cheval proposé à la vente, un poulain élancé qui ressemblait à un poney, pour la simple raison que ses yeux brillants me plaisaient.

L'éleveur me remercia.

— Il est vraiment destiné à Luke Houston ?

— Oui.

— Il ne le regrettera pas. Ce poulain est très intelligent.

— Je le crois volontiers.

— Il va grandir, vous savez. Dans sa famille, ils se développent tous un peu tardivement. Venez prendre un verre. Ce n'est pas tous les jours que je vends une bête à Luke Houston.

Je refusai poliment, prétextant un rendez-vous important, et nous rentrâmes à Six Mile Bottom pour dîner en compagnie de Bananas. De la maison, j'adressai un télex à Luke. En raison du décalage horaire, il était pour lui trois heures de l'après-midi.

S'il souhaitait discuter de mon rapport, il me téléphonerait après son dîner et me réveillerait à six heures du matin, avant mon départ pour les pistes d'entraînement. Dans le cas contraire, il répondrait par télex, ou ne se manifesterait pas.

La salle à manger était occupée par le matériel que Luke m'avait fourni : un magnétoscope, qui me permettait de repasser et d'analyser les courses, une calculatrice, un photocopieur, des classeurs, une machine à écrire électrique, un téléscripteur et un répondeur-enregistreur branché sur une ligne parallèle grâce auquel je pouvais me faire rembourser par Luke mes communications professionnelles. Il ne me manquait qu'une chose : un ordinateur.

Le lendemain, quand j'entrai dans mon bureau, je découvris que le télex avait fonctionné au cours de la nuit.

« Pourquoi n'avez-vous pas acheté Fisher ? Et pourquoi avoir acquis ce poulain bon marché ? Salutations à Cassie. »

Luke et Cassie ne s'étaient jamais rencontrés ; il lui avait parlé quelques rares fois au téléphone. La formule de politesse était seulement destinée à me faire comprendre qu'il posait de simples questions, et ne m'adressait pas de reproches.

Je répondis : « Deux propriétaires qui se détestent, Subman et Mme Crickington, ont monté les enchères jusqu'à trois cent quarante mille livres pour Fisher, ce qui dépasse largement sa valeur. Le poulain bon marché pourrait vous surprendre. Sincères salutations. William. »

Chaque jour, Cassie se rendait à son bureau dans la voiture d'un voisin un peu trop complaisant qui travaillait aussi à Cambridge. Elle ne cessait de répéter qu'il posait plus fréquemment sa main sur son genou que sur le volant, et qu'elle attendait avec impatience d'être débarrassée de lui et de son plâtre. Son bras blessé ne la gênait guère que pour conduire, et nos ébats nocturnes nous apportaient autant de satisfactions qu'auparavant.

Le jour, nous réparions ce qui avait été cassé, ou allions acheter des objets presque identiques aux originaux. Nous avions même remplacé les six poupées de paille.

Bananas jugeait notre zèle excessif, mais Cassie lui rétorqua que ces poupées étaient des dieux païens dont il fallait s'attirer les bonnes grâces, et que lorsqu'on vivait à la campagne « il ne fallait courir aucun risque ».

Je changeai des éléments des portes endommagées, et installai une nouvelle serrure dans l'entrée. Toutes les traces du passage d'Angelo disparurent peu à peu, à l'exception de la batte de base-ball que nous avions laissée sur l'appui de la fenêtre. Sans doute encore une offrande pour conjurer le sort.

Jonathan me téléphona un soir et, tout en sachant qu'il n'approuverait pas mes actes, je lui expliquai ce qui s'était passé.

— Tu as gardé Angelo prisonnier dans ta cave ?

— Ouais.

— Mon Dieu !

— Il semble que cette solution ait porté ses fruits.

— Mm... Je regrette seulement qu'Angelo ait obtenu la méthode.

— Je le déplore aussi. Je sais tout ce que tu as fait pour l'empêcher de s'en emparer. Mais tu avais raison : cet homme est dangereux, et je ne tenais pas à devoir aller me réfugier en Californie. Ma vie est ici, sur les hippodromes anglais. Quant à la méthode... rappelle-toi qu'il ne suffit pas de l'avoir, mais qu'il faut s'en servir discrètement. Angelo ne connaît rien aux courses, et il est impétueux et indiscipliné. Il n'a ni l'astuce ni la patience nécessaires.

— Il risque de croire que la méthode donne le vainqueur à chaque fois, alors que selon Mme O'Rorke il faut compter sur un tiers seulement de réussites.

— « Angelo contre les books » ! L'épisode risque d'être mouvementé. Au fait, je lui ai dit que tu étais mort.

— Merci beaucoup.

— J'ai pensé que tu ne tenais pas à ce qu'il se présente un jour chez toi.

— Il ne pourrait jamais obtenir un visa...

— Il est facile de passer la frontière canadienne.

— Sans parler de la mexicaine...

Je lui décrivis en détail la maison de Ted Pitts ; Jonathan parut heureux pour son ami.

— Et ses petites filles ? Comment vont-elles ?

— Elles sont grandes et jolies.

— Je l'enviais.

— Vraiment ?

— Oui. Enfin... que veux-tu ? C'est la vie.

Je perçus du regret dans sa voix et compris à quel point il aurait aimé avoir un enfant. Je pensai que si Cassie...

— Tu es toujours là ?

— Oui. Si je me marie, tu viendras à la cérémonie ?

— Toi, te marier ? Je n'arrive pas à y croire.

— On ne sait jamais. Je ne lui ai pas encore posé la question. Elle refusera peut-être.

— N'oublie pas de m'inviter.

Il semblait amusé.

— Je n'y manquerai pas. Comment va Sarah ?

— Bien, merci.

— Au revoir.

— Au revoir.

Je raccrochai, heureux comme toujours d'avoir un frère comme Jonathan.

A la fin de la première semaine de ventes, j'avais acheté douze yearlings et en avais abandonné cinq autres à des acheteurs plus riches que moi. J'avais consulté Sim si souvent qu'il me fuyait, donné à Mort une pouliche aussi vive que lui, et passé deux soirées au Bedford Arms en compagnie de l'entraîneur irlandais Donavan qui me conta ses malheurs en s'enivrant.

— Il n'y a jamais eu autant de bons chevaux en Irlande, dit-il en agitant son index sous son nez.

— Je n'en doute pas.

— Venez maintenant. Vous pourrez jeter un coup d'œil à ces bêtes avant les autres.

— J'irai bientôt. Dans deux semaines, avant les prochaines ventes.

— Je compte sur vous. J'ai remarqué un poulain du côté de Waxford. J'aimerais l'entraîner et je voudrais que vous l'achetiez.

Ce cheval serait mis en vente dans deux semaines, mais Donavan n'était malheureusement pas le seul à le convoiter. Tous les propriétaires irlandais et la plupart des autres cherchaient à l'obtenir. Même en tenant compte du caractère excessif des Irlandais, ce poulain devrait être le meilleur de la saison.

— Luke le voudra, affirma Donavan.

— Je ferai monter les enchères, répondis-je sans enthousiasme.

— Vous devez convaincre Luke de ne pas imposer de limite. Aucun plafond.

— Je monterai jusqu'au maximum qu'il m'a fixé.

— Vous n'êtes encore qu'un enfant. J'ai écrit à Luke qu'il aurait dû engager quelqu'un de plus à la hauteur. Je vous le dis franchement.

— Vous lui avez écrit cela ?

— Si vous me faites avoir ce poulain, je lui enverrai une autre lettre pour lui dire que je m'étais trompé sur votre compte.

Il vida son verre et... tomba de son tabouret. En dehors des heures d'entraînement, ou pendant les courses et les ventes, il était toujours ivre. Les propriétaires ne paraissaient pas y prêter attention ; ivre ou à jeun, Donavan produisait autant de vainqueurs que les autres entraîneurs irlandais. Il ne m'inspirait ni sympathie ni animosité. Nous discutions de dix heures du matin jusqu'au soir ; le whisky avait le pouvoir de le rendre sincère. Nombre de personnes estimaient que Luke aurait dû choisir un entraîneur moins rustre. Mais Houston devait accorder plus d'importance à la façon dont Donavan traitait les chevaux qu'à celle dont il abordait ses semblables. Comme moi. J'avais appris à respecter cet homme.

Lorsque la foule d'entraîneurs, d'intermédiaires et de propriétaires eut quitté la ville, Sim acheva l'entraînement d'une pouliche puis me déclara sur un ton de défi que la jument dont il venait de finir la préparation était prête à remporter la dernière course du Saint-Léger, le samedi.

— Elle semble au mieux de sa forme. Grâce à vos soins.

— Je suppose que vous comptez aller à Doncaster ?

— Dès vendredi. Mort fait courir Genotti, dans le Saint-Léger.

— Viendrez-vous m'aider à seller mon cheval ?

Je tentai de dissimuler ma stupéfaction. Habituellement, il cherchait à m'éloigner le plus vite possible des chevaux.

— J'en serai ravi.

Il hocha la tête, avec sa brusquerie coutumière.

— Alors, nous nous verrons là-bas.

— Bonne chance.

Il devait s'y rendre le mercredi et rester sur place pendant les quatre jours que dureraient les courses ; je ne tenais pas à l'imiter, car Cassie éprouvait encore quelques difficultés à se débrouiller seule, avec son plâtre. Je la quittai le vendredi pour Doncaster. L'une des premières personnes que je vis en franchissant les grilles de l'hippodrome fut Angelo.

Je m'arrêtai net et me détournai. Je ne tenais pas à ce qu'il me vît ou qu'il vînt me parler.

Il achetait deux programmes à l'un des guichets de l'entrée.

Je savais que je le rencontrerais tôt ou tard sur les hippodromes, mais j'éprouvai malgré tout un choc ; je me sentis soulagé lorsqu'il s'éloigna dans la direction opposée. Notre trêve était fragile.

Il jouait des coudes pour se frayer un chemin parmi la foule, et je fus surpris de constater qu'il ne se dirigeait pas vers les bookmakers mais vers la piste, où les spectateurs ne s'étaient pas encore regroupés pour assister à la première course. Il arriva à côté d'un homme âgé assis dans un fauteuil roulant, lui remit d'un geste vif un programme, puis retourna en bousculant les gens en direction des bookmakers. Je le perdis de vue.

Je l'aperçus de nouveau le samedi. Je pariais rarement, mais, sans doute influencé par Mort, j'avais décidé de miser une petite somme sur Genotti dans le Saint-Léger. Je me trouvais à côté d'un petit bookmaker gallois que je connaissais depuis longtemps, quand je vis à dix mètres de moi Angelo qui étudiait un petit carnet.

— Genotti, annonça le bookmaker à son employé qui notait chaque transaction dans un livre de comptes. Trente livres à cinq contre un pour William Derry.

— Merci, Taff.

Dans la file, Angelo se mit à contester la cote qui lui était proposée, qu'il estimait trop faible.

— Tous vos collègues le prennent à cinq contre un.

Je ne connaissais que trop le grondement de sa voix.

— Alors, allez voir un autre bookmaker. Avec

vous, je le prends à quatre contre un, monsieur Gilbert.

J'étais ravi de constater qu'Angelo utilisait de façon stupide la méthode de Liam O'Rorke, mais surpris qu'il suscitât déjà de la résistance chez les books. Je me doutais bien qu'il ne ferait pas preuve de discrétion, mais il était étrange qu'il eût été repéré aussi rapidement.

Taff, le bookmaker, regarda par-dessus son épaule puis leva les yeux au ciel. Je voulus en savoir plus :

— Qu'est-ce qui se passe ?

— Ce type est complètement idiot.

Taff avait adressé ce commentaire à lui-même, à son employé et à l'humanité entière.

— Angelo Gilbert ?

— Vous le connaissez ?

— J'en ai entendu parler... Il a tué quelqu'un, il y a plusieurs années.

— C'est exact. Il vient de sortir de prison. Et il est bête... à ne pas croire.

— Qu'est-ce qu'il a fait ?

— C'était à York, la semaine dernière. Il avait un tas de billets qu'il a joué comme si la fin du monde était proche. Nous ne savions pas encore qui était ce type, et nous avions l'impression de prendre les sucettes d'un bébé, quand l'outsider sur lequel il avait misé six gros billets a remonté le peloton. Nous avons dû payer, en nous interrogeant sur l'origine de son tuyau. L'entraîneur n'avait pas risqué une seule livre sur ce cheval, d'après nos renseignements. Alors Lancer, celui qui discute en ce moment avec Gilbert, lui a demandé qui lui avait conseillé de jouer ce cheval. Cet imbécile a souri et répondu : Liam O'Rorke.

Taff me fixa mais dut se méprendre sur la signification de mon expression, car il déclara :

— Vous êtes trop jeune, pour savoir de qui il s'agit.

— Qui est-ce ?

Son attention fut attirée par un groupe de clients qui venaient miser, et il parut un peu surpris de constater que j'étais encore là lorsqu'ils s'éloignèrent.

— Ça vous intéresse ?

— Je n'ai rien d'autre à faire.

— Ça remonte à trente ans, ou trente-cinq. Comme le temps passe ! Un Irlandais, Liam O'Rorke, avait mis au point la seule méthode de paris valable dont j'aie entendu parler. Bien sûr, dès que nous avons été au courant, nous avons été réticents à accepter ses mises. Je veux dire que nous ne pouvions pas les prendre en sachant qu'il gagnait toujours. Mais il n'a jamais révélé son secret. Il l'a emporté dans sa tombe. Bon débarras, entre nous soit dit.

— Et maintenant ?

— Maintenant, ce type nous a sidérés avec ses gains de York. Il s'est moqué de nous en nous traitant de gogos, et il a ajouté que nous allions souffrir parce qu'il utilisait le système de Liam O'Rorke. Maintenant, il s'étonne parce qu'on ne lui propose pas une cote avantageuse.

Taff eut un rire de mépris.

— A quel point peut-on être stupide, je vous le demande ?

17

Genotti remporta le Saint-Léger avec quatre longueurs d'avance.

Mort était au comble de l'excitation et faillit broyer ma main. Il esquissa quelques pas de danse autour de l'enclos où l'on dessellait les chevaux et accueillit avec des transports de joie les félicitations qu'on ne manqua pas de lui adresser. Devant son enthousiasme, les gens souriaient et devaient le prendre pour un simplet. Mais j'avais depuis peu découvert que ses décisions étaient le fruit d'une réflexion intense.

J'allai encaisser mes gains auprès de Taff, qui me confia tristement qu'il n'aurait jamais donné Genotti à cinq contre un s'il avait su que c'était le favori d'Angelo Gilbert.

— Angelo a donc gagné ? m'étonnai-je.

— Naturellement. Il doit avoir misé mille livres. Personne ne voulait plus accepter son argent, à la fin.

— Il n'a pas pu parier à cinq contre un ?

— Plutôt à égalité.

Avec une cote à égalité, Angelo avait doublé sa mise, mais il devait estimer cela insuffisant. Et je savais que l'insatisfaction pouvait atteindre chez cet homme des proportions démesurées.

— Aucun système de paris ne permet de gagner chaque fois, dis-je. Angelo perdra.

— Sans doute, mais vous pouvez me croire quand je vous dis qu'aucun book ne proposera à ce vaniteux plus que l'égalité, même s'il mise sur un cheval boiteux pénalisé par vingt-huit livres de handicap et monté par mon grand-père.

— A égalité, il sera perdant, au bout du compte.

— Et après ? Nous n'appartenons pas à une œuvre de charité.

— Vous tondez les gogos ?

— Vous avez deviné.

Il entreprit de payer les gagnants avec une rapidité extraordinaire. Mais, chez lui, l'argent rentrait plus qu'il ne sortait. Rares étaient les bookmakers ayant une âme de joueurs, et seuls les logiciens prudents pouvaient poursuivre leurs activités.

J'allai boire une coupe de champagne en compagnie de Mort avant d'aider Sim à seller sa pouliche qui apporta une victoire supplémentaire à Houston. Sim réagit plus calmement que Mort, mais sa satisfaction n'en était pas moins profonde. Il semblait avoir fini par comprendre que je n'étais pas un débutant autoritaire et inexpérimenté, mais un collègue bien intentionné. Cette victoire, il le savait, me servirait aussi bien qu'à lui. Je m'interrogeais sur les raisons de ce revirement subit à mon égard. Jamais, encore un mois plus tôt, il ne nous serait venu à l'esprit de fêter ensemble la victoire d'un cheval de Houston.

En quittant Doncaster, je pensais plus à Mort, à

Sim et aux chevaux qu'à Angelo. Je passai prendre Cassie et nous dînâmes à l'auberge, en compagnie de Bananas. Il nous annonça qu'il avait lui aussi misé sur Genotti, et que ses gains étaient trois fois supérieurs aux miens.

— J'avais parié cent livres, dit-il.

— J'ignorais que tu jouais.

— Épisodiquement. Avec ce que je savais, je ne pouvais pas faire autrement.

— Que savais-tu donc de Genotti ?

Il m'adressa un regard apitoyé.

— Chaque fois que tu revenais du manège en me parlant de ce poulain, tu me faisais penser à un gosse ayant obtenu des places pour la finale de la coupe du monde de base-ball.

— Si tu avais utilisé la méthode de Liam O'Rorke, intervint Cassie, aurait-elle désigné Genotti ?

— Ah !

Je parcourus du regard le nouveau menu de Bananas, surpris d'y découvrir une nouvelle spécialité : « le poulet du prisonnier ».

— Angelo a misé sur lui.

— Quoi ?

Je leur parlai d'Angelo, des bookmakers, et de la stupidité en général.

— Il a tout gâché, déclara Cassie, avec une certaine satisfa´tion.

Bananas me fixa, pensif.

— Quelle sera la réaction de ce brave homme ?

— William n'est pas responsable de ses erreurs, fit remarquer Cassie.

— Il n'a jamais tenu compte de ce genre de détails, jusqu'à ce jour.

Cassie sembla inquiète et je changeai de sujet en m'intéressant à la carte :

— Peux-tu m'expliquer ce qu'est le poulet du prisonnier ?

Bananas fit un large sourire.

— Blanc de poulet mariné dans du jus de citron, recouvert de fines lamelles de pâtes aux herbes aromatiques et cuit au four.

— Ça doit donner soif.

— Le pain sec et l'eau sont en supplément.

Cassie rit et nous oubliâmes Angelo. Le poulet du prisonnier était un régal.

— Je pars demain pour l'Irlande, annonçai-je à Cassie. Tu m'accompagnes ?

— En Irlande ? Un aller-retour ?

— Je dois y rencontrer quelqu'un, au sujet d'un cheval.

C'est ainsi que je me rendis avec Cassie au sud de Wexford pour voir le poulain que tout le monde convoitait. La moitié des acquéreurs potentiels nous avaient imités et nous nous retrouvâmes tous dans une écurie malpropre. Chacun prenait grand soin de ne pas révéler ses pensées.

Cassie observait le magnifique yearling bai que le garçon d'écurie faisait marcher au pas.

— Il est mignon.

— C'est une machine à sous montée sur des sabots. As-tu remarqué l'avidité qui se lit sur les visages de tous ces messieurs ?

— Ils ne semblent pas s'y intéresser...

— L'enthousiasme ferait monter les prix.

Quelques spectateurs s'avancèrent d'un air indifférent pour juger au palper l'ossature du poulain, puis se reculèrent avec l'expression neutre des joueurs de poker.

— Tu ne vas pas toucher ses jambes ? intervint Cassie.

— Pourquoi pas ?

J'accomplis à mon tour le rituel, et découvris comme ceux qui m'avaient précédé que les jambes du yearling étaient fraîches et fermes, avec des tendons évoquant des cordes de violon. Il possédait une forte encolure, un arrière-train harmonieux et, chose plus importante encore, un poitrail allongé. Sans même tenir compte de son pedigree, où ne figuraient que des vainqueurs de courses classiques, on ne pouvait imaginer plus bel animal. Ce qui signifiait que les enchères atteindraient rapidement des sommes exorbitantes pendant la vente du mercredi.

Nous reprîmes l'avion pour l'Angleterre et j'adressai un télex à Luke.

« Les enchères pour le poulain Hansel seront astronomiques. Je l'ai vu. Il est sans défaut. Jusqu'à quelle somme puis-je aller ? »

Je reçus sa réponse au cours de la nuit.

« Vous êtes seul juge, mon garçon. A vous de décider. »

Et je cherchai quel pouvait bien être le plafond au-delà duquel cet achat serait un désastre.

Newmarket s'anima de nouveau pendant les ventes de la semaine ; toutes les personnalités du milieu hippique étaient venues assister au plus important marché de yearlings de la saison. Les poulains arrivaient du Kent, des Cotswold, du Devon, d'Écosse et d'Irlande.

Le poulain Hansel devait être mis en vente le

mercredi, à dix-neuf heures trente. Une demi-heure plus tôt, tous les gradins étaient occupés. Cassie était quelque part au milieu de la foule. En bas, dans le cercle réservé aux acheteurs, Donavan se tenait près de moi, le souffle court. Il était à jeun, ce qui lui donnait un air lugubre.

— Vous devez acheter ce poulain, et me le confier.

Je connaissais cette rengaine, pour l'avoir entendue dans sa bouche une centaine de fois. Il semblait croire que formuler ses désirs allait lui permettre de les réaliser.

On fit entrer le yearling sur la piste. La lumière jouait sur sa robe. Il avait vraiment l'allure d'un prince.

Les enchères débutèrent non par milliers de livres, mais par dizaines de milliers, et atteignirent en quelques secondes un quart de million. Elles continuèrent à grimper, et j'attendis la première pause pour proposer vingt-cinq mille de mieux, somme sur laquelle un intermédiaire debout à ma droite renchérit aussitôt d'un signe de tête décidé. Je montai de nouveau de vingt-cinq mille livres et perdis l'avantage. Je continuai, persuadé que les enchères n'auraient pas de fin, et il me vint à l'esprit que rien n'était plus facile que de dépenser l'argent des autres.

A huit cent cinquante mille livres, je déclarai forfait. Le commissaire-priseur m'adressa un regard interrogateur.

— Personne ne se prononce ?

— C'est à vous, me dit Donavan qui devait croire que je m'étais laissé distraire. Allez-y. Allez-y.

Je fis non de la tête. Donavan pivota et me donna un coup de poing au bras.

— Allez-y. C'est à vous ! Renchérissez, imbécile, renchérissez !

— Personne ne se prononce ? répéta le commissaire-priseur en me fixant.

Je secouai de nouveau la tête et Donavan me gratifia d'un coup de pied. Le commissaire-priseur parcourut la salle du regard.

Après une pause interminable, son maillet s'abattit.

— Adjugé à M. O'Flaherty. Animal suivant, s'il vous plaît.

Dans le bourdonnement des commentaires qui accompagnaient le départ du poulain, Donavan se tourna vers moi, le visage empourpré.

— Espèce de salaud ! Vous savez qui a acheté ce cheval ?

— Oui.

— Je vous tuerai ! Je vous tuerai !

— Je ne vois pas pourquoi Luke devrait faire les frais de votre antipathie envers Mike O'Flaherty.

— Ce poulain remportera le Derby.

— Sans doute.

— Je vais écrire à Luke. Je lui dirai que vous avez eu peur. Sale Anglais. Je vous tuerai tous !

Il partit à grands pas. Je le vis s'éloigner à regret, car j'aurais vraiment aimé lui confier cet animal pour qu'il en fît un champion.

Cassie s'était rapprochée de moi.

— Pourquoi t'es-tu arrêté ?

— Ça t'ennuie ?

— Sais-tu ce qu'on raconte ?

— Que je n'ai pas eu assez de cran ?

— C'est exactement ce que je viens d'entendre...

Je fis une grimace.

— Ma première grande bataille, et j'ai battu en retraite... C'est bien cela ?

— Oui.

— O'Flaherty et Donavan se haïssent à tel point qu'ils manquent de bon sens. J'avais décidé d'aller jusqu'à huit cent mille livres, une somme extrêmement élevée pour un yearling. Je l'ai même dépassée, mais O'Flaherty se tenait derrière son homme d'affaires et l'exhortait à continuer. Il voulait ce poulain à tout prix. Pour contrarier Donavan, sans doute. Il est stupide de défier un homme qui se laisse guider par de tels sentiments, et c'est pourquoi j'ai préféré arrêter.

— Et s'il remporte le Derby ?

— L'année dernière, environ dix mille pur-sang ont vu le jour uniquement dans les îles Britanniques, sans compter la France et les États-Unis. Dans deux ans, un seul de ces poulains remportera le derby d'Epsom, et la loi des probabilités ne joue pas en faveur de celui-ci.

— Tu es si calme.

— Non. Meurtri et mécontent.

De retour à la maison, j'adressai un télex à Luke :

« J'ai renoncé à regret au poulain Hansel à huit cent cinquante mille hors taxes. Le rival mortel de Donavan, Mike O'Flaherty, l'a emporté pour huit cent soixante-seize mille deux cent cinquante. Donavan est furieux. Vous êtes libre de me renvoyer. Sincères salutations. William. »

Je reçus la réponse moins d'une heure après.

« Si ce poulain remporte le Derby, vous me devrez dix millions de livres, mais vous conservez votre place. Mes amitiés à Cassie. »

— Dieu soit loué, dit-elle. Allons nous coucher.

Deux jours plus tard, je la déposai à son bureau puis j'allai dans le Berkshire voir les deux entraîneurs de Luke. L'après-midi, à l'hippodrome de Newbury où avaient lieu trois courses auxquelles participaient leurs chevaux, je revis Angelo.

Cette fois, il remarqua immédiatement ma présence ; il me fut impossible de l'éviter. Il arriva en courant, saisit brutalement le revers de ma veste, et me déclara que la méthode de paris n'était pas efficace.

— Tu m'as roulé, et tu vas t'en mordre les doigts.

Il regarda autour de nous, sembla regretter que nous ne fussions pas dans une lande déserte, et réprima son envie de m'étrangler sur-le-champ. Il était physiquement plus fort, moins pâle, moins bouffi ; il évoquait plus que jamais un taureau. Ses yeux noirs étaient plus menaçants encore qu'à l'ordinaire.

Je repoussai sa main.

— La méthode est excellente, lui dis-je. Ce n'est pas ma faute si vous êtes aussi discret qu'un troupeau d'éléphants.

— Si je perds encore, demain, je saurai que tu m'as roulé. Et je te retrouverai, tu peux me croire.

Il pivota brusquement et gagna les tribunes. Je m'approchai des bookmakers et cherchai Taff.

— La dernière sur Angelo Gilbert ? dit-il, juché sur une caisse de bière. Il est fou à lier.

— Lui proposez-vous toujours des cotes très basses ?

— Écoutez, monsieur Derry, je suis occupé.

Il était entouré de clients qui lui tendaient des billets.

— Si vous voulez le savoir, offrez-moi une bière après la dernière course.

— D'accord.

En fin d'après-midi, il m'accompagna dans le bar bondé. Il dut crier pour m'apprendre ce qu'il savait.

— Gilbert n'a plus sa tête. Je vous avais dit qu'il avait gagné beaucoup d'argent à York et à Doncaster ? Eh bien, il vient de perdre à Epsom et à Goodwood. Lundi dernier, il a laissé une petite fortune. Aujourd'hui, il a misé sur deux chevaux qui n'ont même pas réussi à suivre le peloton. Voilà pourquoi nous allons à nouveau lui proposer des cotes normales. Le vieux Lancer... il travaille pour Joe Glickstein, vous connaissez ? Angelo a abandonné à Lancer un millier de livres. Il a joué Pocket Handbook, un canasson qui n'aurait pas pu gagner même s'il avait pris le départ la veille. Ce type est dingue. Il n'est pas plus en possession du système de Liam O'Rorke que moi !

Je le regardai boire sa bière, déçu qu'Angelo ne fût même pas capable d'utiliser correctement la méthode. Il devait donner des réponses fantaisistes aux questions, au lieu de se livrer à un fastidieux travail de recherches dans un livre des performances, et faisait aveuglément confiance aux résultats fournis par l'ordinateur. Mais la moindre omission, la moindre inexactitude faussaient les calculs.

Angelo était borné et stupide. Il croyait sûrement que j'étais responsable de ses échecs.

— On raconte que son père commence à en avoir assez, déclara Taff.

— Qui ?

— Le père d'Angelo. Harry Gilbert. On dit qu'il a fait fortune dans ses salles de loto, avant sa maladie.

— Sa maladie ?

— L'arthrite, je crois. Il ne peut plus marcher et assiste aux courses en fauteuil roulant. C'est lui qui procure l'argent.

Je me souvins que la semaine précédente, à Doncaster, j'avais vu Angelo remettre un programme à un vieillard.

Je remerciai Taff pour ses informations. Il me demanda si je connaissais bien Angelo.

— C'est un vieil ennemi de mon frère.

Il regarda sa montre et termina sa bière, puis déclara qu'il avait laissé son employé veiller sur les recettes de la journée mais qu'il serait plus tranquille lorsqu'elles seraient dans sa poche.

— La journée a été bonne, grâce à Gilbert...

Sur le chemin du retour, je passai prendre Cassie, qui s'était rendue à l'hôpital pour une visite de contrôle.

— Ils n'enlèveront le plâtre que la semaine prochaine, se plaignit-elle. Je voulais qu'ils m'en débarrassent aujourd'hui, mais ils ont refusé.

Le plâtre provoquait des démangeaisons. L'inscription « NE PAS OUBLIER LES TIGRES » avait presque disparu. Cassie en avait assez d'attendre.

Nous retournâmes au marché des chevaux. Luke possédait désormais vingt-huit yearlings qu'il n'avait pas encore vus. J'avais signé des chèques dont le montant atteignait près de deux millions de livres. Les ventes se terminaient le samedi à midi et, à en croire le programme, aucune bête intéressante ne serait plus proposée. J'achetai pourtant sur une impulsion un poulain mis en vente pour une somme dérisoire : un alezan banal, au pedigree plus encourageant que l'examen de ses jambes grêles. Par ce matin brumeux d'automne, nul n'aurait pu deviner qu'il deviendrait un prince fondateur d'une dynastie. Alors que je signais le chèque et que je prenais les dispositions pour le faire livrer à l'écurie de Mort, je pensai à la conversation que j'avais eue avec Jonathan, la veille au soir.

— Je veux aller voir le père d'Angelo, lui avais-je déclaré. Te souviens-tu où il habite ?

— Bien sûr. Cité-jardin de Welwyn. Je vais te donner l'adresse exacte.

Il fit une pause.

— Voilà. 17, Pemberton Close. Il a peut-être déménagé. Il risque de ne pas être très accueillant. J'ai entendu dire qu'il avait juré de se venger de moi après la condamnation de son fils. Mais je ne suis pas resté assez longtemps en Angleterre pour lui permettre d'exécuter ses menaces.

— On prétend que c'est lui qui finance les paris d'Angelo.

— Cela ne m'étonne pas.

— Angelo ne sait pas se servir de la méthode. Il perd l'argent de son père et m'en fait porter la responsabilité. Il ne va sûrement pas tarder à réapparaître.

— Angelo est une calamité.

— Je ne te le fais pas dire. Comment pourrais-je m'en débarrasser ? Non, ne réponds pas. Je sais que le mieux serait qu'il retourne définitivement en prison, mais il faudrait qu'il ignore qui est à l'origine de son arrestation et... est-ce bien honnête ?

— Une provocation ? Lui donner l'occasion de perpétrer un crime ?

— C'est exactement ce que je voulais dire.

— En effet, ce ne serait pas très honnête.

— C'est bien mon avis.

— Il faudrait qu'il commette un autre meurtre, pour qu'il reste en prison jusqu'à la fin de ses jours. Autrement, il ne tarderait pas à ressortir avec une nouvelle soif de vengeance. D'ailleurs, quelle innocente victime pourrais-tu lui livrer en pâture ?

— Mm... Impossible. Je persiste à croire que la seule solution consiste à lui permettre de s'enrichir, et c'est pourquoi je vais tenter de persuader son père d'agir dans ce sens.

— Son père est un serpent, ne l'oublie pas.

— Il est dans un fauteuil roulant.

— Ah ?

Jonathan avait paru surpris.

— Les serpents n'ont pas de jambes...

Samedi après-midi, je me rendis à la cité-jardin de Welwyn en laissant Cassie à la maison. J'espérais qu'Angelo serait parti à l'hippodrome de Newbury.

La villa du 17, Pemberton Close n'était pas habitée par Harry Gilbert mais par un courtier en

Bourse, son épouse bavarde, et quatre enfants bruyants qui faisaient de la planche à roulettes. Ils étaient tous dans le jardin.

— Harry Gilbert ? répéta la femme qui tenait un panier de roses fanées. Il ne pouvait plus monter l'escalier, à cause de sa maladie, et il s'est fait construire une villa où il n'y a que des plans inclinés.

— Savez-vous où ?

— Oui. A côté du terrain de golf. Il y jouait, le pauvre homme. Maintenant, il reste assis à sa fenêtre et regarde passer les concurrents. Nous lui adressons toujours des signes de la main, quand nous y allons.

— L'arthrite ?

— Hélas, non.

Elle fit une grimace de compassion.

— Sclérose en plaques... depuis des années. Nous l'avons vu dépérir lentement. Nous habitions déjà dans cette rue, mais nous aimions cette maison et nous l'avons achetée dès qu'il l'a mise en ventc.

— Pourriez-vous m'expliquer comment me rendre à sa nouvelle adresse ?

— Bien sûr.

Elle me fournit des explications très claires.

— Au fait, vous savez qu'il ne faut pas lui parler de son fils, n'est-ce pas ?

— Son fils ?

— Son fils unique est en prison. Il a commis un meurtre. C'est affreux pour ce pauvre homme. N'en parlez pas, il est si affligé...

— Merci de m'avoir averti.

Elle sourit avec bonté, puis retourna à son jardin. Je laissai cette femme vertueuse pour aller retrouver le pécheur. Comme elle me l'avait annoncé, il était assis dans son fauteuil roulant à côté d'une fenêtre et observait les joueurs sur le terrain de golf.

La porte d'entrée de la vaste demeure s'ouvrit sur un homme que je pris d'abord pour Angelo tant il lui ressemblait. Ma frayeur passée, je m'aperçus que seuls son teint et sa silhouette étaient identiques.

— Eddy, qui est-ce ? Viens ici.

La voix était aussi grave que celle d'Angelo, mais légèrement brouillée. Je traversai le hall d'entrée puis un salon au luxe tapageur qui offrait une vue panoramique sur les environs. J'attendis d'être à deux mètres de Harry Gilbert pour me présenter.

Il y eut un silence. Harry Gilbert me dévisagea, en proie à une émotion violente. Colère, indignation ? Je n'aurais pu le dire. Ses cheveux frisés étaient clairsemés, et sa moustache grise assortie à son costume et à son gilet. Ses mains tremblaient. Il paraissait chercher à dissimuler sa faiblesse physique, peut-être pour montrer qu'il n'avait pas perdu son autorité.

— Vous n'êtes pas le bienvenu.

— Si votre fils avait cessé de me menacer, je ne serais pas ici.

— Vous l'avez trompé, comme votre frère.

— Non.

— Cette méthode n'est pas efficace.

— Elle l'a été pour Liam O'Rorke. Mais cet homme était un logicien discret, habile et prudent. Cette définition correspond-elle à Angelo ?

— La méthode devrait donner les mêmes résultats quels que soient ceux qui l'emploient.

— Les performances d'un cheval dépendent aussi de son jockey.

— Je ne vois pas le rapport.

— Angelo est maladroit. Il n'est pas étonnant qu'il n'obtienne pas de résultats.

— C'est la méthode qui n'est pas bonne.

— Je reconnais qu'elle est peut-être un peu démodée.

Sauf pour les gens comme Ted Pitts, ajoutai-je in petto.

Il me semblait que j'avais marqué un point. Harry Gilbert déclara sur un ton moins catégorique :

— Pourquoi aurait-elle perdu de son efficacité ?

— Je l'ignore. Il y a peut-être de nouveaux facteurs dont Liam O'Rorke n'a pu tenir compte pour la simple raison qu'ils n'existaient pas à son époque.

Une sorte d'abattement l'envahit, et j'ajoutai :

— Si Angelo répond de façon imprécise aux questions, les résultats sont forcément erronés. Je sais pourtant que vous avez gagné, à York. Vous auriez réalisé des gains beaucoup plus importants au Saint-Léger si Angelo n'avait pas effrayé les bookmakers.

— Je ne comprends pas.

— A York, Angelo a déclaré aux bookmakers qu'il allait les ruiner, parce qu'il utilisait le système infaillible de Liam O'Rorke.

Harry Gilbert ferma les yeux.

— Et après ? intervint Eddy avec agressivité. Il faut que les gens sachent qui est le patron.

Le vieux le morigéna.

— Eddy, tu ne sais rien de rien. Alors, tais-toi.

Il rouvrit lentement les yeux.

— Ils lui ont proposé une cote à égalité, alors que le cheval était à cinq contre un.

Je savais que Gilbert ne m'aurait pas remercié si je lui avais sauvé la vie ou permis de gagner une fortune, ou même si j'avais évité à son fils de retourner en prison. Mais il était trop réaliste et rompu aux affaires pour ne pas comprendre le bien-fondé de mes propos.

— Qu'espérez-vous de moi ?

— Dites à votre fils que s'il s'en prend à nouveau à moi, à mes amis ou à mes biens, il retournera immédiatement derrière les barreaux. Incitez-le à utiliser la méthode avec plus de prudence et de discrétion, afin qu'il gagne. Apprenez-lui que ce système permet seulement de trouver en moyenne un gagnant sur trois, et que les résultats s'obtiennent à force de précision et de ténacité, et non de coups de colère.

Je compris soudain que mes conseils étaient vains. La maladie de Harry Gilbert l'affaiblissait chaque jour davantage, et l'autorité qu'il exerçait sur son fils disparaîtrait le jour où ce dernier n'aurait plus besoin de son argent.

Il annonça avec une fureur contenue :

— Votre frère est responsable de tous nos problèmes.

Cette conversation ne conduirait nulle part. Gilbert n'était plus qu'un vieillard qui se raccrochait désespérément à son fils et à ses illusions. Je ne parviendrais jamais à le raisonner.

J'effectuai pourtant une ultime tentative :

— Si vous aviez versé à Mme O'Rorke la somme convenue, il y a quelques années, vous auriez été le propriétaire légal des programmes. C'est parce que vous avez refusé de tenir vos engagements envers Mme O'Rorke que mon frère vous a empêché de vous en emparer.

— Elle était vieille.

— C'est pour cette raison que vous avez décidé de ne pas la payer ?

Il ne répondit pas.

— Si je volais votre voiture, considéreriez-vous que ce vol est justifié pour la simple raison que vous êtes trop malade pour la conduire ?

— Vous dites n'importe quoi. Vous n'êtes rien.

— Un cave, déclara Eddy.

— Eddy, tu n'es bon qu'à pousser un fauteuil roulant et à faire la cuisine, dit Harry Gilbert avec lassitude. Pour le reste, ferme-la.

Eddy lui lança un regard à la fois de défi et de crainte. Sans doute dépendait-il financièrement de son oncle. Les temps étaient rudes pour les assistants-tueurs. Il ne tenait sûrement pas à perdre son emploi de valet.

Je m'adressai à Harry Gilbert.

— Pourquoi avez-vous renoncé à vos projets ? Pourquoi n'achetez-vous pas à Angelo une boutique de paris qui lui permettrait d'utiliser la méthode pour gagner de l'argent ?

Il garda longuement le silence, puis répondit :

— Il faut du talent, pour réussir dans les affaires. Ce n'est pas une chose que tout le monde possède.

Je savais que je n'obtiendrais pas d'autre réponse. Jamais il n'admettrait devant moi qu'Angelo entraînerait en quelques semaines n'importe quelle entreprise à la faillite.

— En tout cas, dites à votre fils de me laisser tranquille. Je vous ai donné cette méthode alors que vous n'aviez aucun droit sur elle, vous avez la prétention de vous enrichir du premier coup et vous osez me reprocher vos échecs. Tenez votre fils loin de moi. Tant dans votre intérêt que dans le sien. Je peux être aussi impitoyable que lui.

Je m'éloignai sans attendre sa réponse et traversai calmement le vestibule.

J'entendis des pas derrière moi.

Eddy.

Il me rattrapa alors que j'ouvrais la porte d'entrée et me saisit le bras en regardant par-dessus son épaule, en direction de la pièce où était assis son oncle.

— Pauvre cave, Angelo ne va pas être content d'apprendre que tu es venu ici.

— C'est regrettable, répondis-je en écartant sa main.

Il ricana et murmura :

— Angelo s'est acheté un pistolet.

18

— Tu as l'air pensif...

— Inquiet.

Nous étions une fois de plus assis à une table du restaurant de Bananas. Notre ami vaquait calmement à ses occupations, sans pour autant faire attendre ses clients.

— Cela ne te ressemble pas.

Je lui souris et répondis que je ne souhaitais pas recevoir une nouvelle visite d'Angelo.

— Tu crois qu'il reviendra ?

— Je ne sais pas.

— Il ne sera plus possible de remplacer les poupées. La saison est trop avancée : la paille n'est plus bonne.

Elle laissait reposer son plâtre sur la table. Je caressai l'extrémité de ses doigts.

— Cassie, accepterais-tu une séparation provisoire ?

— Non.

— Et si je te disais que j'en ai assez de te voir ?

— Je saurais que tu mens.

— Tu es sûre ?

— Absolument. Pour combien de temps ?

Je bus une gorgée de vin.

— Le temps de calmer Angelo. Et ne me demande pas d'être plus précis. Mais il faut d'abord convaincre Luke de me faire livrer un ordinateur.

— Cela s'annonce difficile ?

— Il en a déjà un, en Californie... et il risque de trouver le second superflu.

— Ce serait pour la méthode de paris ?

— Je vais en louer un. Je veux découvrir quelles erreurs commet Angelo. Si je réussis à le faire gagner, il restera peut-être tranquille.

— Tu croyais déjà parvenir à ce résultat en lui donnant ces bandes ?

— Eh oui...

— C'est un vrai pot de colle, ce type. Chaque fois qu'on croit s'être débarrassé de lui, il revient à la charge.

Les pots de colle n'achetaient pas de pistolet.

Bananas apporta un soufflé aux clients de la table voisine. Il se joignit à nous au moment du café pour nous annoncer que son employée avait interrompu sa grève.

— Elle a mis une heure pour découper les carottes. Elle le fait à la main, alors qu'une machine mettrait dix secondes. Elle dit que ces appareils sont dangereux et qu'il faut négocier de nouveaux tarifs horaires pour tous les travaux faits à la machine.

La barbe naissante de Bananas était bouclée, contrairement à ses cheveux. C'était sans doute un signe de sa double nature.

— L'histoire nous enseigne qu'il est vain d'essayer d'apaiser un tyran, déclara-t-il.

— Tu parles de ton employée ?

— Non, d'Angelo Gilbert.

— Alors, que proposes-tu ? Une déclaration de guerre ?

— Il faudrait être sûr de pouvoir la remporter. Une autre leçon de l'histoire, c'est que l'issue d'une guerre est toujours incertaine.

— A ce jeu, ton employée risque de rendre son tablier, ajouta Cassie en souriant.

Bananas approuva :

— Les tyrans ne sont jamais satisfaits. L'année prochaine, elle voudra se consacrer aux courses automobiles.

— Tu ne connais personne qui possède un ordinateur acceptant n'importe quel langage ? m'informai-je.

— Turc ? Birman ? Quel genre ?

— Charabia, jargon et baragouin.

— Adresse-toi à un sociologue.

Je préférai me renseigner auprès de Ted Pitts, que je tentai de joindre le lendemain matin. C'est Jane qui répondit.

— Ted n'est pas encore rentré de Suisse, dit-elle. Est-ce que je peux faire quelque chose pour vous ?

Je lui expliquai que je cherchais un ordinateur pour effectuer une vérification des programmes. Elle me répondit sur un ton désolé qu'elle ne pouvait pas me prêter celui de Ted en son absence. Il préparait un programme important : si quelqu'un se servait de l'ordinateur, tout son travail serait détruit.

— Je comprends. Connaissez-vous une personne qui accepterait que j'utilise son ordinateur ?

Elle réfléchit un instant.

— Peut-être Ruth... Ruth Quigley.

— Qui est-ce ?

— Une ancienne élève de Ted. Il dit qu'il n'a plus rien à lui enseigner. Quand elle vient à la maison, je ne comprends pas un mot de ce qu'ils racontent. J'ai l'impression d'assister à une conversation entre extraterrestres.

— Et elle possède un ordinateur ?

— Elle a tout ce qu'elle veut. Sa famille est très riche. Elle n'a qu'à demander. De plus, elle est intelligente. Cela semble injuste, n'est-ce pas ?

— Est-ce qu'elle est aussi jolie ?

— Oh...

Elle hésita.

— Assez. Je ne sais pas. Ce n'est pas ce que l'on remarque, chez elle.

— Où... pourrais-je la rencontrer ?

— A Cambridge. Elle n'habite pas loin de chez vous. C'est pour cela que j'ai pensé à elle. Elle écrit des programmes éducatifs. Voulez-vous que je lui téléphone ? Quand voudriez-vous passer la voir ?

— Aujourd'hui, si c'est possible.

Une demi-heure plus tard, le rendez-vous était pris. Je cherchai aussitôt son appartement situé dans un faubourg de la ville.

Ruth Quigley était âgée de vingt ans environ, et je compris d'emblée ce que Jane avait voulu dire en me parlant de son aspect. Ce qui frappait le plus, en elle, était sa vivacité d'esprit. Elle avait des yeux clairs, des cheveux châtains bouclés et un cou gracieux, mais on remarquait surtout ses brusques mouvements de tête et sa diction si rapide qu'on l'eût dit irritée de ne pouvoir exprimer plus rapidement ses pensées.

— Monsieur Derry ? Entrez. Avez-vous apporté les bandes ? D'après Jane, c'est du vieux BASIC Grantley. Vous avez le langage. Vous voulez le charger, ou vous préférez que je le fasse ?

— Je serais heureux que vous...

— Alors, donnez. Quelle face ?

— Heu, au début de la face 1.

— Parfait, suivez-moi.

Elle disparut dans un étroit passage avant que j'aie eu le temps de faire un seul pas. Elle devait estimer que la Terre tournait trop lentement.

Je la rejoignis finalement dans une pièce au sol recouvert de feutre aiguilleté vert pâle et aux murs blanc mat. Je découvris une multitude de spots et plusieurs rangées d'appareils semblables à ceux de Ted Pitts, mais en nombre deux fois plus important.

— Mon atelier.

Il faisait plus frais qu'à l'extérieur et j'attribuai le léger bourdonnement à un climatiseur.

— La poussière est comparable à du sable, pour les ordinateurs. La chaleur et l'humidité les rendent capricieux. Comme des pur-sang...

Elle commençait à me devenir sympathique.

— Je vous fais perdre votre temps...

Elle avait déjà pratiquement achevé de charger le BASIC Grantley.

— Je suis heureuse de vous rendre service. Je ferais n'importe quoi pour Jane et Ted. Ils le savent. Avez-vous apporté un livre des performances ? Vous en aurez besoin. Ces programmes sont simples, mais il faut leur fournir des données exactes. Il en va de même pour les programmes éducatifs. Ce travail est souvent ennuyeux. Questions et choix de réponses. Il faut une demi-heure aux enfants pour découvrir la solution, et je programme des phrases aussi géniales que : « Bravo, tu es très intelligent ! » Il faut bien les encourager, n'est-ce pas ?

— Ces enfants sont-ils doués ?

— Tous les enfants sont doués. Certains plus que d'autres. Mais ils ont besoin de recevoir le meilleur enseignement possible, et ils ne peuvent pas toujours en bénéficier. Les professeurs sont souvent jaloux de leurs élèves.

— Mon frère disait toujours qu'il aimait avoir un enfant doué dans sa classe.

— Comme Ted, généreux. Nous y sommes. Ne vous laissez pas distraire par mes allées et venues. Je travaille sur un programme de tri. Ils disaient qu'il leur fallait dix-huit minutes et je l'ai ramené à cinq secondes, mais en une seule dimension. J'ai besoin de deux dimensions, pour ne pas embrouiller les données. Je mets un langage machine en mémoire, à partir du BASIC, puis je convertis le code machine en langage d'assemblage économique. Je ne vous ennuie pas, au moins ?

— Absolument pas, mais je n'ai rien compris.

— Désolée. J'oubliais que vous n'êtes pas comme Ted. Bon, au travail.

J'avais apporté dans un attaché-case mes livres de performances, divers ouvrages de références, et les numéros les plus récents d'un journal hippique. Je voulais savoir quels chevaux la méthode de Liam O'Rorke avait désignés comme vainqueurs probables des épreuves qui venaient d'avoir lieu, et comparer ces résultats à ceux des courses. Il me manquait une liste des chevaux sur lesquels Angelo avait misé, mais j'espérais obtenir ces renseignements de Taff et de Lancer, le lendemain.

NOM DU PROGRAMME ?

J'écrivis CLOAD « DONCA », appuyai sur la touche ENTRÉE et vis apparaître les astérisques. J'attendis de lire PRÊT, puis appuyai de nouveau sur ENTRÉE.

QUELLE COURSE À DONCASTER ?

Je répondis SAINT-LÉGER.

DONCASTER : SAINT-LÉGER. COMPOSEZ LE NOM DU CHEVAL PUIS APPUYEZ SUR ENTRÉE.

GENOTTI. J'appuyai sur ENTRÉE.

DONCASTER : SAINT-LÉGER.

GENOTTI.

RÉPONDEZ À CHAQUE QUESTION PAR OUI OU PAR NON, OU PAR UN NOMBRE, PUIS APPUYEZ SUR ENTRÉE.

CE CHEVAL A-T-IL GAGNÉ DANS LA CATÉGORIE DES DEUX ANS ?

OUI.

COMBIEN DE JOURS SE SONT ÉCOULÉS DEPUIS SA DERNIÈRE COURSE ?

Je consultai l'un des journaux et inscrivis le nombre indiqué : 23.

CE CHEVAL A-T-IL GAGNÉ SUR LA DISTANCE DE UN MILE SIX FURLONGS ?

NON.

CE CHEVAL A-T-IL COURU SUR LA DISTANCE DE UN MILE SIX FURLONGS ?

NON.

INDIQUEZ LA PLUS LONGUE DISTANCE EN FURLONGS SUR LAQUELLE CE CHEVAL A GAGNÉ.

12.

INDIQUEZ LE TOTAL DES PRIX REMPORTÉS AU COURS DE CETTE SAISON.

Je consultai le livre des performances et notai les gains de Genotti qui, sans être négligeables, n'avaient rien d'exceptionnel.

SON PÈRE A-T-IL ENGENDRÉ DES CHEVAUX VAINQUEURS SUR CETTE DISTANCE ?

Je perdis du temps à chercher la réponse dans d'autres ouvrages.

OUI.

SA MÈRE ?

OUI.

CE CHEVAL EST-IL COTÉ AVANT LE DÉPART À DOUZE CONTRE UN AU MOINS ?

OUI.

SON JOCKEY A-T-IL REMPORTÉ UNE COURSE CLASSIQUE ?

OUI.

SON ENTRAÎNEUR A-T-IL REMPORTÉ UNE COURSE CLASSIQUE ?

OUI.

D'AUTRES CHEVAUX ?

OUI.

Je renouvelai l'opération pour chaque cheval ayant participé à cette course. Les pas n'étaient pas toujours identiques car une réponse différente entraînait des questions différentes. Au bout d'une heure, je compris que si je voulais utiliser cette méthode je devrais établir des tableaux plus faciles à consulter que le livre des performances. Lorsque j'eus répondu NON à la question D'AUTRES CHEVAUX ?, j'obtins une réponse qui ne laissait subsister aucun doute sur le génie de Liam O'Rorke.

Genotti apparaissait en tête de la liste, suivi par

un outsider et par le cheval qui avait été donné comme favori ; l'ordre exact de l'arrivée de Saint-Léger.

J'étais sidéré. Ruth Quigley se tourna vers moi.

— Vous n'avez pas obtenu les résultats escomptés ? Vous semblez surpris.

— Si... les bons.

— Ennuyeux.

Elle sourit.

— Quand j'obtiens les résultats attendus, je vérifie encore et encore. Vous voulez du café ?

J'acceptai et elle le prépara avec sa rapidité habituelle.

— Quel âge avez-vous, Ruth ?

— Vingt et un ans. Pourquoi ?

— Je pensais que vous aviez fait des études universitaires.

— J'ai obtenu ma licence à vingt ans. Rien d'exceptionnel. J'ai dû tricher pour entrer à l'Université. Tout est si lent, de nos jours. Il y a quarante ans, on pouvait être licencié à dix-neuf ans, ou moins. A présent on tient compte de l'âge. Pourquoi retarder les gens ? La vie est courte. Maîtrise à vingt ans et demi. J'avais simultanément suivi les deux cours. Personne ne le savait. Ne le répétez pas, mais je prépare mon doctorat. Cela vous intéresse ?

— Oui, répondis-je avec sincérité.

— Mon père me trouve assommante.

— Il ne le pense pas.

— Il est chirurgien, précisa-t-elle, comme si cela expliquait tout. Ma mère aussi. Complexe de culpabilité, tous les deux. Ils cherchent à se sacrifier pour l'humanité entière.

— Et vous ?

— Je ne sais pas encore. Je n'ai pas grand-chose à donner. Je n'arrive pas à obtenir les emplois qui me conviendraient. A cause de mon âge. L'âge n'a pourtant rien à voir là-dedans. On me confiera dans dix ans des tâches qui m'iraient mieux en ce moment. Les poètes et les mathématiciens déclinent après vingt-cinq ans. Et que leur offre-t-on ?

— La chance de pouvoir travailler seuls ?

— Seigneur, vous comprenez ? Mais vous perdez votre temps, reprenez vos programmes et ne me dites pas ce que je devrais faire. Qu'est-ce que je cherche ? Que dois-je chercher ? Quelles sont les questions qu'il faut se poser ?

— Attendez que la pomme vous tombe sur la tête.

— C'est vrai. Mais je n'ai pas envie d'attendre des siècles assise sous le pommier. J'ai essayé. Mais vous oubliez vos canassons.

Je chargeai YORK et interrogeai les programmes relatifs à trois courses qui se déroulaient dans cette ville. La méthode fournissait le vainqueur de deux d'entre elles. Au total, elle donnait trois gagnants sur les quatre courses que j'avais étudiées. C'était incroyable.

Je chargeai EPSOM et fournis les données pour les quatre courses programmées, mais cette fois je n'obtins aucun vainqueur. Fronçant les sourcils, je chargeai NEWBU (Newbury) ; après un travail méticuleux, j'obtins les prévisions pour la course où Angelo avait misé sur Pocket Handbook, un cheval sans espoirs.

Pocket Handbook était arrivé au poteau épuisé,

avec au moins trente longueurs de retard sur le gagnant. Il était en tête de liste avec une marge importante.

J'étudiai avec incrédulité la liste et cherchai le véritable vainqueur de l'épreuve : il était en avant-dernière position.

— Que se passe-t-il ? s'enquit Ruth.

— Certains programmes sont détraqués.

— Vraiment ?

Je cherchai GOODW et choisis cinq courses. De tous les chevaux placés en tête, aucun n'avait fait mieux que second.

— Avez-vous faim ? demanda-t-elle. Trois heures et demie. Un sandwich ?

Je la remerciai et l'accompagnai dans une petite cuisine où je constatai que sa célérité s'appliquait également au découpage en tranches des tomates. En un clin d'œil, elle prépara des sandwiches composés de fromage, de condiment, de tomates et de bœuf en conserve.

— Il y a toujours une explication logique.

— Je le crois aussi... Selon Ted, il est facile d'ajouter ou d'effacer des mots de passe.

— Et alors ?

— Alors, il doit également être facile de changer d'autres données.

— Sauf en ROM, où ça se complique.

— ROM ?

— La mémoire morte.

— Il m'a expliqué comment lister ses programmes.

— Ils étaient en RAM. La mémoire vive. On peut modifier tout ce que l'on veut. Un travail enfantin.

Après avoir terminé nos sandwiches, nous regagnâmes nos pupitres. Je chargeai le programme de Newbury, choisis la course de Pocket Handbook, et listai le programme.

J'inscrivis LIST 1200-1240 et, au milieu de ce fouillis de lettres, de chiffres et de symboles, je découvris l'origine de tous mes maux.

1200 PRINT « INDIQUEZ LE TOTAL DES PRIX REMPORTÉS AU COURS DE CETTE SAISON »

1200 INPUT W : IF W 〈 1000 THEN T = T + 20

1220 IF W 〉 1000 THEN T = T : IF 〉 5000 THEN T = T

1230 IF W 〉 10000 THEN T = T : IF W 〉 15000 THEN T = T

1240 GOSUB 6000

Même pour une personne aussi ignorante que moi en informatique, c'était absurde. Liam O'Rorke ne pouvait être l'auteur de cela. Peter Keithly n'aurait jamais commis cette erreur, et Ted Pitts jamais utilisé un tel programme. Le tableau qui s'offrait à mon regard signifiait que, si les gains d'un cheval au cours d'une saison étaient *inférieurs* à mille livres, le score final attribué à celui-ci était augmenté de 20 points, mais que s'ils *dépassaient* cette somme le score final restait identique. Un cheval ayant remporté peu de victoires pouvait donc être mieux classé que d'autres meilleurs que lui. L'attribution des points était inversée, et les réponses faussées.

Certain d'avoir touché le nœud du problème, je chargeai Epsom et listai les programmes des quatre courses où Angelo avait perdu ses mises. Dans deux cas, l'attribution des points concernant les gains précédents était inversée.

J'essayai Goodwood. Même chose pour trois courses sur cinq.

Déprimé, je chargeai Leicester et Ascot, où des courses auraient lieu la semaine prochaine. Les programmes concernaient huit épreuves : une à Leicester et sept à Ascot. Je listai chaque programme et découvris que dans quatre d'entre eux aucun point n'était attribué pour les gains importants, mais que les gains inférieurs à mille livres valaient 20 points supplémentaires.

Je remarquai également des courses qui n'existaient pas, à l'époque de Liam O'Rorke. Des épreuves récentes, programmées après sa mort, sans aucun doute par Ted Pitts. Ted Pitts qui avait saboté la méthode avant de me la remettre... et m'avait livré à la colère d'Angelo Gilbert.

Je remerciai Ruth Quigley pour sa patience et rentrai à la maison où m'attendait Cassie.

— Que se passe-t-il ?

— Angelo croit que je l'ai berné, mais c'est la méthode qui ne fonctionne pas. Le pourcentage de perdants est trop élevé. Elle a été sabotée. Ted Pitts a dénaturé tant de programmes qu'ils conduisent à la ruine tous ceux qui les utilisent.

Je lui parlai de l'inversion d'attribution des points.

— Il a peut-être modifié d'autres pas des programmes.

— Tu veux dire que Ted Pitts l'a fait exprès ?

— Exactement.

Je repensai au temps qu'il lui avait fallu pour faire mes « copies », à l'heure passée dans la piscine en compagnie de Jane. Il m'avait prié de le laisser seul.

— Mais pourquoi ? s'étonna Cassie.

— Je l'ignore.

— Tu ne lui as pas expliqué pourquoi tu voulais ces bandes ?

— Non.

— Tu aurais dû lui dire que c'était une question de vie ou de mort.

— S'il avait su qu'Angelo était enfermé dans ma cave, il aurait refusé de me les donner. Il aurait eu peur de se mêler à une telle affaire. Et, s'il raisonne comme Jonathan, il aurait de toute façon modifié les programmes, pour empêcher Angelo d'en profiter.

— Tu n'imagines tout de même pas que Ted Pitts a pris conseil auprès de ton frère ?

— Il n'était pas neuf heures, quand je suis arrivé chez Pitts. Une heure du matin en Californie. Même s'il avait son numéro de téléphone, ce dont je doute, il ne l'aurait pas appelé en pleine nuit... Et Jonathan a semblé déçu, quand je lui ai appris que j'avais remis les bandes à Angelo. Pitts a agi pour des raisons personnelles.

— Ce qui n'arrange rien.

Je songeai à mon entrevue avec Harry Gilbert. Jusqu'où pouvaient aller la maladresse et la naïveté ?...

Si j'avertissais Angelo du sabotage, il serait convaincu que j'avais cherché à le jouer, et que je redoutais à présent sa vengeance.

Dans le cas contraire, il continuerait à perdre et serait tout aussi convaincu que je m'étais moqué de lui.

De plus, si j'obtenais les programmes originaux et que je les remettais à Angelo, celui-ci penserait encore que je lui avais délibérément remis des bandes truquées...

Et Ted Pitts faisait une excursion en Suisse.

Cassie se tourna vers moi.

— Que dirais-tu d'une longue croisière en Australie ?

19

Je téléphonai à Jane Pitts.

— Mon mari n'est toujours pas là, dit-elle. Il se déplace en voiture et s'arrête chaque soir dans des hôtels différents. C'est important ?

— Très.

— Je peux faire quelque chose pour vous ?

— J'ai un problème avec les bandes qu'il m'a remises. Est-ce que vous pourriez me prêter les siennes ?

— Je regrette, mais j'ignore où il les a rangées et il ne tolère pas qu'on touche à ses affaires. Écoutez, il doit me téléphoner pour me dire quand il compte revenir. Voulez-vous que je lui demande de vous appeler ?

— Oui, merci. Mais demandez-lui plutôt où je peux le joindre, et je le contacterai. Dites-lui que c'est urgent, et que c'est important pour Jonathan.

— Je n'y manquerai pas. Dès qu'il appellera.

— Tu es un menteur, me reprocha Cassie dès que j'eus raccroché. Je ne vois pas ce que Jonathan vient faire dans cette histoire.

— Je ne crois pas que Jonathan ait envie de venir se recueillir sur la tombe de son frère.

— William !
— Je plaisantais. Je plaisantais.
— Que vas-tu faire ?
— Réfléchir.

Plus Angelo perdrait, plus il serait en colère. L'objectif primordial était de l'empêcher de parier. Je ne pouvais obtenir de Taff et des autres bookmakers qu'ils renoncent à des gains aussi faciles ; je devais remonter jusqu'à la source de cet argent : Harry Gilbert. Mais comment le convaincre sans provoquer la fureur d'Angelo ?

Je décidai de lui dire que la méthode de Liam O'Rorke n'était plus valable, mais que j'avais récupéré ces bandes en toute bonne foi. Cependant, même s'il acceptait de me croire, réussirait-il à persuader son fils de ne plus jouer ?

Il n'y avait pas d'autre solution.

Je ne tenais pas à organiser un coup monté contre Angelo pour le renvoyer en prison. J'estimais que quatorze années de détention représentaient une punition suffisante. Je voulais seulement avoir la paix, et désamorcer sa haine.

Un article de *La Vie sportive*, que je lus le lendemain en prenant mon petit déjeuner, me fit espérer qu'Angelo commettrait de son propre chef un acte qui le conduirait en prison. Lancer, le bookmaker, avait été agressé vendredi soir, à son retour des courses de Newbury. On lui avait volé son portefeuille, qui contenait environ cinquante livres. Lancer était indemne et la police n'avait aucune piste.

Je soupirai. Quelle victime offrir à Angelo ?

Moi excepté, naturellement.

Je conduisis Cassie à son travail puis me dirigeai vers la cité-jardin de Welwyn.

J'étais plus grand qu'Angelo et je n'avais rien à craindre d'un vieillard impotent. J'avais l'intention de les mettre au pied du mur, de les intimider, et de leur faire comprendre qu'il était temps pour eux d'abandonner.

Eddy m'ouvrit. Il tenta de refermer la porte dès qu'il me vit, mais je l'écartai.

— Harry n'est pas habillé...

Il m'était difficile de savoir s'il avait peur de moi ou de Harry.

— Il me recevra.

— Non. Vous ne pouvez pas...

Il tenta de me barrer l'accès d'une porte, m'indiquant ainsi où se tenait son oncle.

Je le poussai de nouveau et ouvris la porte. C'était une grande chambre dont la fenêtre donnait aussi sur le terrain de golf.

Harry Gilbert était allongé en pyjama sur le lit, face à la fenêtre.

— J'ai essayé de l'arrêter, dit Eddy.

— Prends le plateau et laisse-nous.

Eddy remonta les couvertures et emporta le plateau du petit déjeuner.

— Et ferme la porte, ajouta Harry qui attendit son départ pour me demander : Alors ?

— J'ai découvert que la méthode de Liam O'Rorke a pris un coup de vieux et qu'il faut la considérer comme une relique. Elle attire des ennuis à tous ceux qui s'en servent. Elle est devenue inutilisable. Si vous ne voulez pas perdre votre argent, empêchez Angelo de jouer. De plus, il serait absurde d'exercer des représailles contre moi, car j'ai récupéré ces cassettes en toute bonne foi. Faites venir Angelo et je le lui dirai moi-même.

Harry Gilbert me fixa, et laissa tomber avec indifférence :

— Angelo n'est pas ici. Il est allé retirer mon chèque à la banque, avant de se rendre à l'hippodrome de Leicester.

— Il perdra. Vous pouvez dire adieu à cet argent.

— Mais le moyen, à présent, de l'empêcher de miser ?

— Faites opposition pour qu'il ne puisse pas retirer l'argent. Téléphonez à votre banque.

Il consulta la pendule posée près de lui.

— Trop tard.

— Je vais à Leicester tenter de le retrouver.

— Parfait.

Je le laissai et démarrai en trombe. Il me serait sans aucun doute plus malaisé de convaincre Angelo que Harry. Mais il fallait essayer l'impossible. Sans compter qu'il n'oserait pas m'attaquer sur un hippodrome plein de monde.

Quelle ne fut pas ma déception de constater que l'hippodrome de Leicester était pratiquement désert en cette froide journée d'automne. Seules quelques silhouettes emmitouflées se déplaçaient avec obstination, tête baissée pour lutter contre la morsure du vent. Il arrivait que les spectateurs fussent rares en semaine, et la course était alors un rituel désuet, accompli sans ferveur.

Taff battait des semelles autour de sa caisse de bière. Il soufflait sur ses doigts et regrettait de ne pas s'être rendu à Bath où il eût fait de meilleures affaires.

— C'est pourtant ici qu'a lieu la coupe Midland, dit-il. J'ai cru que cette épreuve attirerait la foule, mais regardez...

Je souris avant de l'interroger.

— Quel est votre favori ?

— Pink Flowers.

— Et Terrybow ?

— Qui ?

— Il participe à la coupe Midland.

Terrybow était le gagnant désigné par l'ordinateur. Il finissait régulièrement en dixième position sur douze partants, ou en septième sur huit.

— Oh ! Terrybow.

Il consulta son carnet.

— Vingt, si vous voulez.

— Vingt contre un ?

— Vingt-cinq. Vous ne trouverez pas une cote plus avantageuse. Vous misez combien ?

— Quel est le plafond ?

— Ce que vous voulez. Aucune limite. A moins que vous sachiez quelque chose que j'ignore, il respirera une fois de plus la poussière soulevée par les autres concurrents.

Je regardai la file des bookmakers qui attendaient désespérément les clients. Si Angelo avait été parmi eux, je l'aurais vu. La coupe Midland, quatrième épreuve, n'aurait lieu que dans une heure, et si Angelo s'en tenait au système falsifié il miserait sur Terrybow.

— Avez-vous vu Angelo Gilbert, aujourd'hui ?

— Non.

Taff encaissa la mise d'un homme en imperméable et lui remit un ticket.

— Dix à trois contre un, sur Walkie-Talkie.

— Et comment va Lancer ? Je ne l'ai pas vu.

— Il maudit ses agresseurs dans son lit.

Une femme à lunettes lui tendit un autre billet de dix livres.

— Des voyous l'ont attaqué, devant chez lui. Dites-moi un peu : il a des milliers de livres sur lui, à l'hippodrome, il les verse à son employeur, rentre chez lui, et se fait malmener pour cinquante malheureux billets.

— A-t-il vu son agresseur ?

— Un autre book de Joe Glick prétend qu'il s'agissait d'une bande de jeunes.

Je regrettai qu'Angelo fût innocent.

Taff était un bookmaker indépendant ; il rapportait chaque soir ses gains chez lui. J'imaginais Angelo surpris par les policiers alors qu'il tentait de récupérer ses mises après la défaite de Terrybow...

Le temps passait et je n'apercevais toujours pas Angelo, alors que je n'avais cessé de le rencontrer quand j'aurais préféré l'éviter. J'interrogeai d'autres bookmakers, mais personne ne l'avait vu cet après-midi. S'il était allé à Bath, je perdais mon temps... mais la méthode de O'Rorke ne s'appliquait qu'à une seule course de la journée : la coupe Midland, et désignait un seul vainqueur : Terrybow.

Les chevaux se rapprochaient au petit galop de la ligne de départ, lorsque les hommes en gants blancs qui guettaient en haut des tribunes signalèrent par des mouvements de bras un changement de cote. Isolés les uns des autres, les bookmakers se fiaient à ce système pour savoir si de fortes sommes avaient été misées sur un cheval, et réduire en conséquence la cote proposée. Taff, à qui son employé adressait des signes, effaça sur son tableau noir le chiffre 20 inscrit à côté de Terrybow et le remplaça par 14. Tout au long de la rangée les autres books l'imitèrent et Terrybow tomba jusqu'à 12 contre 1.

Étonné, je me renseignai auprès de Taff. Il m'adressa un regard distrait.

— Dans le cercle des petits parieurs, quelqu'un a misé un paquet sur Terrybow.

— Mon Dieu !

Je n'avais pas pensé à chercher Angelo sur la pelouse où le prix d'entrée était peu élevé, la vue sur la piste réduite, et les espoirs des rares bookmakers très modestes. Et, même si j'y avais songé, je n'y serais pas allé. Je ne tenais pas à rencontrer Angelo dans le paddock.

— Vous avez des tuyaux sur Terrybow, dit Taff sur un ton accusateur.

— Je n'ai rien misé sur ce cheval.

— Ouais, c'est exact. Alors, qu'est-ce qui se passe ?

— Angelo Gilbert est allé là où personne ne le connaît, pour le cas où vous ne lui auriez pas proposé une cote convenable.

— Quoi ? Vraiment ?

Il effaça le 12 à côté de Terrybow, qu'il remplaça par 20. Quelques parieurs se précipitèrent, et il encaissa leurs mises en souriant.

Je gagnai les tribunes, d'où je constatai avec colère que Terrybow restait égal à lui-même. Il arriva à la douzième place sur quinze partants. Ted Pitts n'avait pas fait les choses à moitié.

Comme tous ceux qui attendaient la sixième course, Angelo était encore à l'hippodrome en fin d'après-midi. Un attroupement s'était formé près du pesage, à propos d'un litige auquel étaient mêlés plusieurs bookmakers, des spectateurs et quelques officiels visiblement ennuyés. Comme je m'y attendais, Angelo était au cœur de la mêlée.

La foule s'écarta un peu et je me retrouvai au premier rang des spectateurs. L'inspecteur du pesage, un membre du Jockey Club qui réglait habituellement les différends, se tenait la mâchoire tout en continuant à discuter ; apparemment, Angelo l'avait frappé. Les bookmakers déclaraient que les sommes misées ne pouvaient être remboursées ; Angelo réclamait son argent en brandissant le poing.

— Vous m'avez roulé ! Vous m'avez volé !

— Vous avez misé normalement, cria un bookmaker, en agitant l'index sous le nez d'Angelo.

Ce dernier le mordit, et le bookmaker hurla de douleur.

Près de moi, un homme se mit à rire, mais la plupart des spectateurs prenaient parti et l'altercation menaçait de dégénérer en pugilat. Deux policiers en uniforme se frayèrent un chemin parmi la foule. Jeunes et fluets, ils ne semblaient pas de taille à affronter Angelo, mais l'inspecteur fit signe à l'un d'eux et une menotte se referma sur le poignet d'Angelo.

Son hurlement de rage provoqua l'envol des pigeons posés sur le toit du pesage. Il tira de toutes ses forces et le jeune policier auquel il était relié par les menottes tomba à genoux. Je crus qu'Angelo allait le prendre sous son bras et s'enfuir, mais son collègue s'interposa. Il mit en garde le truand, puis sortit un émetteur-récepteur et réclama des renforts.

Pendant que le policier se relevait, Angelo parcourut du regard le cercle des spectateurs qu'il ne pouvait espérer franchir, puis le groupe des bookmakers qui manifestaient leur satisfaction. Ses yeux se portèrent finalement sur moi.

Il s'avança d'un pas avec tant de force que le policier perdit encore l'équilibre et tomba sur le dos. Devant son air menaçant, les spectateurs se turent et le fixèrent avec frayeur.

— Toi et ton salaud de frère...

Conscient de la présence de la foule qui nous entourait, il n'exprima pas à haute voix ses pensées, mais je les entendis aussi nettement que s'il avait hurlé :

— Je te tuerai. *Je te tuerai.*

Si le contenu du message n'offrait rien de nouveau, le ton était d'une tout autre intensité. Il s'agissait désormais d'une promesse, pas d'une menace en l'air.

J'évitai de manifester quelque surprise que ce fût. Il me lorgna avec satisfaction puis se tourna vers le policier qui se relevait pour la deuxième fois et se laissa docilement conduire à la voiture de patrouille qui arrivait à l'entrée de l'hippodrome. Angelo prit place à l'arrière, entre les deux policiers ; la voiture s'éloigna et la foule se dispersa en silence.

Alors une voix à l'accent gallois me chuchota :

— Savez-vous ce qui a tout déclenché ?

— Non ?

— Les books ont traité Angelo de gogo. Ils se sont moqués de lui, gentiment au début. Ils disaient qu'ils avaient accepté ses mises parce que la méthode ne valait rien. Angelo est devenu furieux quand ils lui ont dit qu'il s'était fait avoir en l'achetant. C'est alors qu'il s'est mis à exiger le remboursement de ses mises...

— Je comprends...

— Enfin ! déclara joyeusement Taff. Ça nous a fait une distraction, même si j'estime que ces imbéciles auraient mieux fait de ne rien dire. Angelo était une poule aux œufs d'or. Maintenant, elle ne pondra plus.

Je rentrai chez moi profondément déprimé. Toutes mes tentatives pour me débarrasser d'Angelo ne faisaient que m'attirer davantage ses foudres.

Désormais, il était persuadé que j'avais cherché à le posséder. Même si je parvenais à me procurer la méthode originale et à la lui remettre, il ne me pardonnerait jamais ses pertes, les ricanements des bookmakers, le claquement des menottes.

Il resterait la nuit au poste de police, il en sortirait demain matin : un coup de poing et quelques cris ne lui feraient pas perdre sa liberté conditionnelle. Mais l'humiliation de cette nuit en cellule s'ajouterait à celle de son séjour dans ma cave... Il m'avait attaqué à sa sortie de prison parce que j'étais le frère de Jonathan, que ne ferait-il pas cette fois ?

Cassie était rentrée à la maison avant moi, toute à sa joie d'être débarrassée le lendemain de son plâtre. Elle avait remercié, pour la dernière fois, le chauffeur aux mains baladeuses, certaine de pouvoir conduire immédiatement. Elle fredonnait dans la cuisine en préparant des spaghettis. Je l'embrassai distraitement en souhaitant à Angelo de mourir le plus tôt possible.

Nous n'avions pas terminé le dîner quand le téléphone sonna. Ted Pitts m'appelait de Suisse. Sa voix était glaciale.

— Je vous présente mes excuses, pour le programme.

— C'est très aimable à vous.

— Jane m'en veut. Elle m'a ordonné de vous appeler immédiatement. Alors voilà. Je suis désolé...

— Je ne comprends toujours pas pourquoi vous avez fait cela.

— Fausser les résultats ?

— Oui.

— Vous allez me trouver méprisable. Jane a honte de moi. Elle dit que nous devons notre richesse à Jonathan, et que j'ai joué un sale tour à son frère.

— Enfin... *Pourquoi ?*

— Je ne sais pas. J'ai agi sur une impulsion. J'enregistrais les copies quand j'ai brusquement pris conscience que je ne voulais pas partager cette méthode. J'estimais qu'elle m'appartenait. Jonathan n'en voulait pas. Je la possédais depuis quatorze ans et je l'avais complétée, personnalisée. Elle était à moi, à moi seul. Vous étiez venu la réclamer comme si vous aviez des droits sur elle, et je ne voyais pas pourquoi je ferais une chose pareille. Alors, j'ai modifié des programmes. Je n'ai pas eu le temps de les tester, et on dirait que j'ai eu la main lourde. Autrement, vous ne vous seriez rendu compte de rien... Je voulais seulement limiter vos gains, pour que vous estimiez que ça ne méritait pas tout ce travail et que vous laissiez tomber.

Il fit une pause.

— J'étais jaloux, si vous voulez tout savoir...

— Pourquoi ne m'avez-vous pas dit...

— Que cela m'ennuyait ? Jane m'aurait obligé à vous les donner.

— Si vous le faites, vous m'éviterez de graves ennuis.

— Vous voulez dire que je vous offrirai la fortune.

Ses excuses sonnaient faux. Il rechignait toujours à me faire partager son secret.

J'envisageai un instant de lui parler d'Angelo, mais je craignis de lui fournir une excellente raison pour refuser.

— Deux personnes peuvent s'en servir, il me semble. Si nous sommes les seuls à la posséder, cela ne réduira en aucun cas vos gains.

— Vous avez sans doute raison.

— Alors... quand rentrez-vous en Angleterre ?

— Dans deux semaines.

Je restai bouche bée. Dieu seul savait ce qu'aurait fait Angelo, à son retour.

— Vous avez misé de fortes sommes sur des tocards et perdu beaucoup d'argent, n'est-ce pas ? dit Ted Pitts avec une irritation à peine contenue. Et vous avez besoin de vous renflouer avant la semaine prochaine ?

Je ne le démentis pas.

— Jane est furieuse. Elle pense que je vous ai fait perdre beaucoup plus que vous ne pouvez vous le permettre. Je suis désolé.

Il ne paraissait toujours pas rongé par les remords.

— Pourrait-elle aller chercher les bandes et me les remettre ? proposai-je humblement.

— Quand vous les faut-il ?

— Le plus rapidement possible. Ce soir.

Il réfléchit quelques instants.

— D'accord. Mais vous pouvez vous épargner le trajet, si vous voulez.

— Comment cela ?

— Avez-vous un magnétophone ?

— Oui.

— Jane peut vous transmettre les programmes par téléphone. Vous n'entendrez que des grésillements, mais si votre magnétophone fonctionne bien les cassettes passeront normalement sur un ordinateur.

— Seigneur !

— Dans le monde entier des ordinateurs sont reliés par téléphone. Certains signaux atteignent les satellites. Cela n'a rien d'extraordinaire.

Je le remerciai de m'avoir appelé.

— Remerciez Jane, dit-il.

Ce que je fis cinq minutes plus tard.

— Vous aviez l'air d'avoir de graves ennuis, dit-elle. Quand j'ai appris à Ted que je vous avais envoyé chez Ruth pour vérifier les programmes, sa réaction m'a surprise. Puis j'ai appris ce qu'il avait fait, j'étais hors de moi. Dire que vous perdiez votre argent alors que nous devons notre fortune à Jonathan...

Sa gentillesse fit naître en moi un sentiment de culpabilité.

— Ted m'a dit que vous pourriez me transmettre les programmes originaux par téléphone... si cela ne vous ennuie pas.

— Non, non. J'ai souvent vu comment procède Ted. Il échange souvent des programmes avec Ruth de cette façon. Les bandes sont ici. Je vais aller chercher un magnétophone. Attendez un instant, je vous les passe tout de suite.

Je l'avais appelée de mon bureau, pour la simple raison qu'un répondeur enregistreur était déjà branché sur cette ligne ; à mon retour, j'enregistrai les programmes sur des cassettes vierges destinées en principe à Luke.

Cassie vint dans le bureau et entendit les bruits grinçants.

— Horrible, dit-elle.

Mais c'était pour moi une musique agréable, la clé d'une existence paisible. Dans un brusque sursaut d'enthousiasme je me persuadai que nos ennuis allaient prendre fin à présent que j'avais les programmes originaux. La solution consistait toujours à rendre riche Angelo, et c'était désormais chose possible.

— Je ferai parvenir ces bandes à Angelo, dis-je à Cassie. Nous abandonnerons cette maison quelques semaines, le temps qu'il gagne suffisamment d'argent et renonce à sa vengeance. Et nous serons définitivement débarrassés de lui !

— Où irons-nous ?

— Pas loin. Nous déciderons demain.

Quand la dernière bande fut enregistrée, j'arrêtai l'appareil et m'adressai à Jane.

— Je vous suis très reconnaissant. Plus que je ne pourrais l'exprimer.

— Je suis tellement désolée...

— Ne le soyez pas. Vous venez de me sauver la vie. Tous mes ennuis sont finis.

Il ne faut jamais défier le sort par de telles affirmations. Jamais.

20

A l'aube, nous allâmes assister à l'entraînement des chevaux. Cassie frissonnait mais était heureuse de respirer au grand air. Son souffle, comme le mien et celui des chevaux, se transformait en buée au contact de l'air froid.

Nous avions fait nos bagages avec le strict minimum. Les valises se trouvaient déjà dans ma voiture. J'avais aussi emporté un attaché-case contenant les cassettes et des papiers de Luke. Il ne me restait plus qu'à faire un saut à la maison pour prendre le courrier, prier le facteur de déposer désormais chez Bananas les lettres qui m'étaient destinées.

Nous ne savions toujours pas où nous allions dormir les prochaines nuits, mais nos amis étaient nombreux. Et si la réputation d'hospitalité du monde hippique se révélait surfaite, il y avait toujours la solution de l'hôtel. Il y avait longtemps que je n'avais pas goûté à tant de sérénité, tant de sécurité.

Sim fut charmant et Mort nous invita à prendre le petit déjeuner avec lui. Nous nous réchauffâmes devant des tartines et du café, pendant qu'il ouvrait son courrier et commentait les articles de *La Vie sportive*. Mort ne se contentait jamais de faire une seule chose à la fois.

— J'ai laissé un message sur mon répondeur téléphonique en communiquant votre numéro, lui dis-je. J'espère que ça ne vous ennuie pas ?

— Bien sûr que non. Mais pourquoi ?

— Notre maison est inhabitable, pour l'instant.

— Des travaux ?

— Oui. Il n'y aura pas beaucoup d'appels, seulement des communications professionnelles.

— Bien sûr.

Il engloutit un œuf à la coque en deux coups de cuiller.

— Un autre café ?

— Volontiers. Comment ça se présente, avec les yearlings ?

— Venez les voir cet après-midi, j'ai prévu de les faire trotter à la longe, dans le paddock.

— Les faire trotter à la longe ? répéta Cassie.

Mort arbora un sourire indulgent et fit claquer ses doigts.

— Les laisser tourner en rond à l'extrémité d'une longe pour leur faire prendre de l'exercice. Personne ne peut encore les monter. Ils n'ont jamais été sellés. Trop jeunes.

— J'aimerais voir ça.

Mais elle regarda son plâtre et dut réaliser qu'elle n'en aurait sans doute pas le temps.

Mort se tourna vers moi.

— Où comptez-vous aller ? Où pourra-t-on vous joindre ?

— Je ne sais pas encore.

— Vraiment ? Pourquoi ne pas vous installer

ici ? J'ai une chambre d'amis. Vous répondriez vous-même à vos appels, ce serait plus rationnel...

— Eh bien... pour une ou deux nuits... merci beaucoup.

— C'est entendu.

Il adressa un large sourire à Cassie.

— Ma fille sera contente. Je n'ai plus de femme, vous savez. Elle m'a plaqué et Miranda s'ennuie. A seize ans, elle a besoin de compagnie féminine. Restez donc une petite semaine. Quand pourrez-vous rentrer chez vous ?

— Nous ne le savons pas encore, intervint Cassie.

— Il faut prendre la vie comme elle vient !

Il entreprit de se curer les ongles avec son coupe-papier.

— Je compte me rendre en Irlande, ce week-end. J'aimerais faire la paix avec Donavan.

Mort sourit.

— Je l'ai entendu dire que vous étiez le roi des salauds, et que vous méritiez d'être écartelé.

Le téléphone sonna. Mort alla répondre.

— Allô ? Oh... Bonjour, Luke. Oui, il est ici, nous prenons le petit déjeuner.

Il me tendit le combiné.

— Luke vous a d'abord appelé chez vous.

— Alors, William, comment se portent les nouveaux yearlings ?

— Bien. Pas le moindre problème.

— J'ai décidé d'aller les voir, et j'ai envie de voyager. Est-ce que vous pourriez me retenir une chambre au Bedford Arms pour les 14 et 15 octobre ?

— Entendu.

— Mes amitiés à Cassie. Invitez-la à dîner au Bedford le 14, d'accord ? J'aimerais faire sa connaissance. J'ai également l'intention de me rendre à Dublin. Comptez-vous aller aux ventes de Ballsbridge ?

— Oui. Ralph Finnigan est mort... Ses bêtes vont être vendues.

— Quel cheval souhaitez-vous acheter ? Lequel est le meilleur ?

— Oxidise. Un deux ans bien entraîné et rapide. Un espoir pour le Derby de juin, mais qui risque d'être très cher.

— Vous comptez le confier à Donavan ?

— Bien sûr.

Il eut un petit rire.

— Alors, au 14.

Il raccrocha.

— Il va venir ? dit Mort.

Je lui appris à quelle date.

— Comme chaque année.

Il me demanda si nous allions assister à l'entraînement, mais, au moins autant que Cassie, j'étais impatient d'en finir avec la maison.

Au village, nous nous arrêtâmes d'abord à l'auberge. Bananas, en chemise, balayait les feuilles mortes qui jonchaient le trottoir.

— Tu n'as pas froid ? s'inquiéta Cassie.

Il venait de porter des barils de bière dans la cave : il était en sueur.

Je lui expliquai que nous allions nous absenter quelque temps, et précisai la raison de ce départ.

— Entrez. Du café ?

Nous en bûmes une tasse au comptoir, mais, contrairement à Bananas, sans crème glacée ni cognac.

— Bien sûr, je prendrai votre courrier, les journaux, le lait et tout ce que vous voulez. Autre chose ?

— Jusqu'où irait ta serviabilité ?

— Crache le morceau, Cassie.

— J'ai pris rendez-vous chez le garagiste pour la révision de ma voiture, et je me demandais si...

— Si je pouvais te servir de chauffeur ?

— William te ramènera.

— Pour toi, je ferais n'importe quoi.

— On doit m'enlever ce maudit plâtre cet après-midi, dit-elle d'une voix joyeuse.

J'observai ses yeux gris clair et estimai que mon amour pour elle était si profond qu'il en devenait ridicule. Je pensai : Ne me quitte jamais. Reste toujours auprès de moi.

Arrivé près de la maison, je me garai dans la rue pour permettre à Bananas de sortir du garage le péril jaune de Cassie. Puis j'ouvris la porte d'entrée.

La maison était si silencieuse que notre départ me sembla soudain superflu.

On ne peut prévoir les actes d'Angelo, me rappelai-je.

NE PAS OUBLIER LES TIGRES...

Un léger bruit me parvint du garage. Je n'y prêtai pas attention.

Six enveloppes m'attendaient sur le paillasson. Je me baissai pour les ramasser. Des factures destinées à Luke, un appel de loyer, un prospectus et une lettre de la mère de Cassie qui habitait Sydney. Des lettres sans importance.

La porte de la cuisine était ouverte. Je vis une ombre se découper sur le mur éclairé par la fenêtre.

Bananas et Cassie avaient dû entrer par la porte de la cuisine. Mais non. Elle était fermée à clé.

Je n'eus pas le temps de m'inquiéter. J'aperçus d'abord le silencieux d'un pistolet, puis la silhouette effrayante d'Angelo.

Toute parole était inutile. Je savais qu'il allait me tuer, que je vivais mes derniers instants. Il y avait dans ses gestes une telle détermination et une telle violence que rien ni personne n'aurait pu le faire changer d'avis.

Je saisis la batte de base-ball posée sur l'appui de la fenêtre et utilisai toutes mes forces pour l'abattre sur la main qui tenait le pistolet.

L'arme était braquée sur ma poitrine, et Angelo tira presque à bout portant. Je sentis l'impact de la balle, mais aucune douleur, et je fus surpris de constater que la trajectoire de mon bras n'avait pas été modifiée. Une fraction de seconde plus tard, la batte atteignait le poignet et la main d'Angelo, qu'elle broya comme elle avait broyé le bras de Cassie.

Le choc me fit tituber et Angelo lâcha son arme pour serrer son bras droit contre son corps. Il hurla de douleur, plié en deux, puis il courut jusqu'à la porte d'entrée et s'enfuit dans l'allée.

J'observai, atterré, son départ depuis la fenêtre, en m'inquiétant de la présence de la balle dans mon corps.

Mourir était-il donc si doux ? Car je ne doutai pas un instant que j'étais sur le point de mourir. Angelo avait accompli sa vengeance. Il pouvait être satisfait, même s'il risquait de finir ses jours en prison. Malgré son poignet brisé, il éprouvait sûrement une joie sans bornes. Il avait gagné.

Bananas et Cassie accoururent et furent soulagés de me voir debout, adossé au placard mais apparemment indemne.

— Angelo ! s'écria Cassie.

— Ouais.

Bananas prit la batte de base-ball sur le sol.

— Tu l'as eu.

— Ouais.

— Magnifique ! s'exclama Cassie. Il va savoir ce que c'est, de supporter un plâtre.

Bananas aperçut le pistolet d'Angelo et se baissa pour le ramasser.

— Ne le touche pas.

Il me regarda, sans se redresser.

— Les empreintes. Prison à perpétuité.

— Mais...

— Il a tiré.

Cassie me dévisagea.

— Où ?

Je désignai ma poitrine d'un mouvement maladroit de la main gauche. La droite était lourde et sans force, et je compris que des tendons de certains muscles avaient été sectionnés. Bananas se précipita sur le téléphone :

— J'appelle une ambulance ?

— Oui.

Ils ne réalisaient pas à quel point c'était grave parce qu'ils ne voyaient pas de sang. Je cherchais comment leur révéler la gravité de la blessure sans faire de peine à Cassie.

Pour l'instant, la douleur était supportable, mais je savais que mon état ne tarderait pas à empirer. Je sentais une lente désagrégation à l'intérieur de mon corps, comme un glissement de terrain, et le processus s'accélérait lentement.

— Appelle l'hôpital de Cambridge, dis-je à Bananas.

Tout me paraissait bien trop calme.

Je tombai à genoux, et je vis dans leurs yeux l'inquiétude céder la place à la consternation.

— Tu es vraiment blessé ! s'exclama Cassie.

Elle s'agenouilla près de moi. Ses doigts ensanglantés lui apprirent que si le projectile avait pénétré discrètement dans ma veste matelassée, il avait provoqué d'importants dégâts en ressortant dans mon dos.

— Oh, mon Dieu !

Bananas s'approcha à son tour, et prit une expression horrifiée.

Il alla décrocher le téléphone tout en feuilletant l'annuaire, puis composa un numéro.

— Oui, disait-il. Oui, c'est une urgence. Un homme a été blessé d'une balle... Oui, j'ai dit une balle... dans la poitrine... oui, il vit. Oui, il est conscient... Non, la balle est ressortie.

Il donna notre adresse et expliqua la route à suivre.

— Écoutez, arrêtez de me poser des questions idiotes, et dites-leur de se dépêcher... Oui, ça semble très grave. Bon Dieu, cessez de perdre du temps... *Mon nom ?* Dieu tout-puissant ! John Frisby.

Il raccrocha avec colère et déclara :

— Ils voulaient savoir si j'avais averti la police. Qu'est-ce que ça peut bien leur faire ?

Je ne pris pas la peine de lui expliquer que toutes les blessures provoquées par balle devaient être signalées à la police. J'éprouvais des difficultés à respirer.

pital avaient paru sceptiques et Cassie avaient affirmé on agresseur. Nous étions restés s contiguës jusqu'à ce que Cas- risquais une crise cardiaque, si je s de moi à mon éveil.

vaient fait remarquer avec plus de gelo sortait le premier du coma il -être à achever son œuvre. Angelo ent une autre chambre, gardée nuit policier, bien qu'il n'eût toujours science.

imité m'angoissait. Mon pouls aque fois qu'on ouvrait la porte. La ait qu'il ne pouvait venir, mais mon le redoutait malgré tout.

e de mes sondes, je pus bientôt me ns les couloirs. Ma démarche, pour uloureuse qu'elle fût, m'apportait du reuve que j'étais bien vivant. L'état s'améliorait également. Il ouvrait ses gles et réagissait à certains stimuli.

ris par les infirmières et les femmes de ui observaient mes réactions. Le piquant ation n'échappa pas au journal local ni ds quotidiens nationaux. Les policiers de la surveillance d'Angelo vinrent me

d'eux me révéla que l'accident d'Angelo de nombreux témoins qui attendaient le après ces personnes, il roulait très vite et erdu le contrôle de son véhicule. Certains aient même l'avoir vu *rire*.

anas réagit de façon catégorique à l'annonce tte précision :

— Le pistolet... ne le mets pas... dans un sac plastique. La condensation... détruit... les... empreintes.

Je commençai à me sentir très mal. Je transpirais. J'essuyai du dos de la main un filet de sang qui coulait de ma bouche. Puis je m'affaissai contre le placard, avant de m'effondrer sur le sol.

— William ! cria Cassie. Non, William !

Si j'avais jamais douté qu'elle m'aimait, j'étais fixé. Personne n'aurait pu feindre ainsi le désespoir.

— Ne t'inquiète... pas...

Je tentai de lui sourire, mais je suppose que je n'y parvins pas. Une toux subite m'ébranla.

J'avais l'impression de respirer au fond d'un lac. Un lac qui se remplissait lentement. Puis tout s'accéléra.

J'entendis Bananas prononcer quelques mots incompréhensibles. Mon esprit partait à la dérive et tout disparut autour de moi. Je meurs, pensai-je. Je meurs vraiment. Trop vite.

Mes paupières se fermèrent et se rouvrirent. La lueur du jour me devint étrange. Aveuglante. J'entrevis le visage de Cassie, inondé de larmes.

Je voulus lui dire : « Ne pleure pas », mais les mots refusaient de sortir de ma bouche.

Bananas parlait toujours dans le lointain.

Soudain, tout devint liquide, mon corps se dissolvait, une rivière m'emportait.

Une ultime pensée... Je me noie.

Dans mon propre sang.

21

Le visage de Cassie fut la dernière chose que je vis avant de sombrer dans l'inconscience, et la première chose que je découvris à mon réveil, le lendemain. Elle dormait sur une chaise, à côté de mon lit. J'étais entouré d'objets en verre et en métal. Soins intensifs.

C'est par étapes que je pris conscience de la douleur et de la présence des tuyaux qui me cernaient de toute part. Puis ce furent des voix, qui me répétaient sans cesse que j'avais de la chance d'être toujours en vie, que j'étais ressuscité.

Je les remerciai tous sincèrement.

Je remerciai Bananas, qui m'avait installé dans ma voiture et conduit à cent soixante kilomètres à l'heure à l'hôpital, estimant que ce serait plus rapide que d'attendre l'ambulance.

Je remerciai les deux chirurgiens qui avaient passé toute la journée et la moitié de la nuit au bloc opératoire, à soigner mon poumon droit et stopper l'hémorragie.

Je remerciai les infirmières qui s'affairaient autour de moi, et adressai en pensée toute ma reconnaissance aux donneurs du groupe A dont le sang coulait désormais dans mes veines.

dév
que
risati

Et
balle a

— O

— Il

— Je s

— Eh b

— Ici ?

— Oui...

— Mais p

— Il a eu

Elle me dé
symptômes de

— Sa voiture
d'ici.

— En partant c

— Ils l'ont ame
moment où Banana
croyions pas nos yeu

Le cauchemar n'é
yeux. Ce ne serait jan
partout, même sur le b

— William ?

— Mm ?

— Oh, j'ai cru...

— Tout va bien.

— Il était presque mort.
il est toujours dans le coma.

— Quoi ?

— Fracture du crâne.

Les jours suivants, j'appris

personnel de l'hô
quand Bananas
qu'Angelo était m
dans des chambre
sie déclare que je
le découvrais prè
Les policiers a
calme que si An
chercherait peut
occupait à prés
et jour par un
pas repris cons
Cette prox
s'emballait ch
raison me dis
subconscient
Débarrass
promener da
raide et do
moins la p
d'Angelo
yeux aveu
Je l'app
service, q
de la situ
aux gran
chargés
parler.
L'un
avait e
bus. D
avait p
affirm
Ba
de ce

— Il a eu cet accident parce que tu lui avais brisé le poignet.

— C'est probable.

Il soupira.

— Il faut le dire aux policiers.

— Sans doute.

— Est-ce qu'ils t'ont ennuyé ?

— Non, je leur ai raconté ce qui s'était produit. Ils ont noté, puis sont partis.

Douze jours plus tard, je quittai l'hôpital après être passé devant la chambre d'Angelo, sans y entrer. La répulsion qu'il m'inspirait était encore trop forte, même si je savais qu'il était à demi inconscient et qu'il ne me reconnaîtrait sans doute pas.

Les trois semaines suivantes, je traînai dans la maison et réglai quelques affaires dans mon bureau. Puis je parvins à convaincre Bananas de me conduire sur les pistes d'entraînement. Cassie avait repris son travail. Son plâtre n'était plus qu'un mauvais souvenir, comme la batte de base-ball, qu'on avait reléguée à la cave. Notre vie reprenait peu à peu son cours habituel.

Luke arriva à la date prévue, examina les yearlings, rencontra Cassie et écouta Sim, Mort, et les deux entraîneurs du Berkshire. Puis il alla chez Warrington Marsh et se rendit en Irlande. Il prit ma place à Ballsbridge pour acheter Oxidise, qu'il fit livrer à Donavan, et ce fut encore lui qui calma l'irascible Irlandais.

Avant de regagner les États-Unis, il passa chez nous prendre un verre.

— Votre année se termine, me dit-il.

— Oui.

— Avez-vous apprécié cette existence ?

— Beaucoup.

— Vous voulez continuer ?

Je relevai la tête. Il m'observa en silence pendant une minute. Il s'abstint de dire que Warrington Marsh ne pourrait jamais reprendre ses activités. Ce n'était pas le plus important : l'important était ma liberté.

— Une année, ce n'est pas l'éternité, ajouta-t-il.

— Alors, d'accord pour une année supplémentaire.

Luke but son whisky, puis sourit. J'eus le pressentiment qu'il reviendrait dans un an, pour me faire la même proposition. Un contrat renouvelable qui laissait la porte de la cage ouverte mais gardait l'oiseau captif. Et je compris que cette captivité durerait aussi longtemps que je la supporterais.

Cassie fut ravie de l'apprendre à son retour.

— Mort lui a dit qu'il ne pourrait plus se passer de toi.

— Vraiment ?

— Tu lui inspires un véritable amour.

— Ce n'est pas le cas pour Donavan...

On ne peut tout avoir, pensai-je en estimant que j'avais déjà beaucoup.

Puis la police me téléphona. Elle souhaitait une confrontation avec Angelo.

— Non.

— Je comprends votre réaction, dit calmement le policier. Mais je vous supplie de m'écouter.

Il me parla pendant un long moment, utilisant sa

force de persuasion dès que je protestais, et il finit par vaincre ma résistance ; j'acceptai contre mon gré.

— Parfait. Mercredi après-midi.

— Mais c'est dans deux jours...

— Une voiture viendra vous chercher. Je suppose que vous ne conduisez pas encore ?

— Non...

Je pouvais effectuer de brefs parcours, mais cela me fatiguait, même si les médecins affirmaient que je pourrais courir dans moins d'un mois.

— Nous vous remercions.

— Ouais.

Le soir, j'en informai Cassie et Bananas.

— C'est épouvantable. Ils ne peuvent pas t'imposer une chose pareille ! s'exclama Cassie.

Nous étions seuls dans la salle du restaurant, qui était désormais fermé le lundi : l'employée de Bananas avait obtenu un jour de congé hebdomadaire. Notre ami nous servit un soufflé à base de poisson, d'herbes aromatiques, d'orange et de noix qu'il venait d'inventer.

— Tu aurais dû refuser, me dit-il.

— Sous quel prétexte ?

— Égoïsme, répondit Cassie. La meilleure raison au monde pour ne pas faire certaines choses.

— Je n'y aurais jamais pensé.

— J'espère que tu as exigé un gilet pare-balles, un écran de verre blindé de quinze centimètres d'épaisseur et plusieurs rouleaux de fil barbelé, déclara Bananas.

— Ils m'ont affirmé qu'ils interviendraient s'il me sautait à la gorge.

— Ils sont trop aimables, marmonna Cassie.

Tout en goûtant au délicieux soufflé, je songeai que le contrat de location de la maison arriverait bientôt à expiration.

— Nous viendrons camper dans ton jardin, quand nous partirons.

— Et vous vivrez de vos gains ?

— De quoi veux-tu parler ?

— Des programmes.

Je l'avais oublié. Les bandes étaient toujours en ma possession.

— Il nous manque un ordinateur.

— Nous pourrions rapidement nous en offrir un, répondit Cassie.

Nous nous regardâmes. Nous étions heureux. Pourquoi vouloir davantage ?

— Tu t'occuperas de l'ordinateur et moi j'irai miser, proposa Bananas. De temps en temps. Quand nous aurons besoin d'argent.

— Tant que nous ne serons pas pris au piège.

— Je ne veux pas de diamants, dit Cassie. Ni de vison, ni de yacht... Mais dans combien de temps aurons-nous une piscine dans notre salon ?

Il me fut impossible d'apprendre ce que Luke avait dit à mon frère, à son retour en Californie, mais Jonathan me téléphona qu'il débarquerait le mercredi matin à l'aéroport d'Heathrow.

— Et tes étudiants ?

— Qu'ils aillent au diable ! J'ai une laryngite.

Sa voix était pourtant normale.

— A bientôt.

Il arriva dans une voiture de location avec l'air de celui qui redoute ce qu'il va découvrir. Ma santé était en fait très bonne, mais cela ne lui suffisait pas.

— Je suis toujours vivant, fis-je remarquer. Une chose à la fois. Reviens le mois prochain, pour le reste.

— Que s'est-il passé ?

— Angelo.

— Pourquoi ne m'as-tu rien dit ?

— Je n'aurais pas manqué de t'informer de mon décès. Ou, plutôt, Cassie s'en serait chargée.

Il était assis dans un des fauteuils à bascule et me fixait.

— Tout est ma faute.

— Bien sûr.

— Et c'est pour cette raison que tu ne m'as rien dit.

— Je t'aurais probablement mis au courant un de ces jours.

— Maintenant, explique-moi.

Je lui appris où je devais me rendre cet après-midi même, et il proposa avec son flegme habituel de m'accompagner. J'acceptai avec joie, puis lui relatai les événements depuis le début.

— Je suis désolé, dit-il finalement.

— Mais je vous en prie.

— Tu vas utiliser la méthode ?

— Sans tarder.

— Je crois que Mme O'Rorke en serait heureuse. Elle était fière de l'invention de Liam et ne voulait pas qu'elle disparaisse.

Il réfléchit un instant, puis demanda :

— Sais-tu quel pistolet a utilisé Angelo ?

— Les policiers ont parlé d'un... Walther, calibre 22.

Il esquissa un vague sourire.

— Il est resté fidèle au modèle. Cela vaut

mieux. S'il s'était servi d'un 38, tu aurais été dans de beaux draps.

— Oh, cela vaut mieux, en effet.

Une voiture vint nous prendre et nous laissa devant les bâtiments du Comté de Buckingham. L'ensemble tenait à la fois de l'hôpital et du bureau administratif. A l'intérieur couraient de longs corridors aux portes closes.

— Là-bas, nous dit-on. Dernière porte à droite.

Nous avançâmes lentement dans le couloir. Le silence était uniquement troublé par le bruit de nos pas sur le plancher. Au fond, deux silhouettes se découpaient devant une baie vitrée. Un homme était assis dans un fauteuil roulant ; un autre le poussait.

Je reconnus aussitôt Harry Gilbert et son neveu Eddy.

Ce dernier s'immobilisa, imité par Jonathan et moi-même. Séparés de quelques mètres, nous regardions Harry. C'était à présent un vieillard. Un vieillard rongé par la maladie.

Il se tourna brusquement vers moi.

— Je croyais... que votre frère était mort.

Sa voix était dure. Simplement, il avait dépassé le stade de l'emportement, de l'espoir, ou du désir de vengeance.

— A vous deux, vous avez détruit mon fils.

Toute réponse était inutile. Je songeai au risque d'engendrer un meurtrier. La prédisposition au crime existait dès la naissance. Le récit de la Genèse correspondait à celui de l'évolution : Caïn n'était pas un mythe et, au sein de chaque espèce, seuls les plus impitoyables parvenaient à survivre.

Je ne devais la vie qu'au hasard, à la rapidité de

Bananas, au dévouement des chirurgiens. Abel et des millions d'autres victimes n'avaient pas eu autant de chance, et à chaque génération les gènes continuaient à façonner des tueurs. Les Gilbert engendreraient toujours des Angelo.

Harry Gilbert fit signe à Eddy qu'il voulait partir. Et Eddy, le sosie, Eddy le docile, Eddy l'agneau parmi les loups s'éloigna calmement en poussant son oncle.

— Vieux bandit arrogant, marmonna Jonathan à mi-voix.

— L'élevage des chevaux de course est instructif, tu sais ?

Jonathan se tourna vers moi.

— Il y en a de bons à rien ?

— Assez souvent.

Nous suivîmes le couloir en direction de la dernière porte.

La pièce où nous entrâmes était divisée en deux parties : l'une étroite et longue, percée d'une fenêtre, l'autre de forme identique, mais privée d'ouverture sur l'extérieur.

Deux hommes se tenaient dans la première, assis de part et d'autre d'un bureau. Ils avaient l'air de s'ennuyer.

— Je suis William Derry.

— Ah !

L'un d'eux se leva, s'approcha de moi et me serra la main. Puis il regarda Jonathan.

— Mon frère, Jonathan Derry.

— Ah !

Il lui serra également la main.

— Il n'était pas utile de déranger votre frère.

— La présence de Jonathan peut provoquer une réaction plus brutale que la mienne.

— C'est pourtant vous qu'il a voulu tuer.

— Jonathan l'a fait envoyer en prison... il y a quatorze ans.

— Ah !

Il nous examina à tour de rôle, la tête légèrement inclinée en arrière en raison de sa petite taille. Apparemment, nous ne correspondions pas à l'image qu'il s'était faite de nous. Jonathan avait une allure distinguée, et je ne devais pas ressembler à une victime.

— Je dois aller annoncer la présence de votre frère, dit-il finalement. Veuillez attendre.

Il entrouvrit la porte de séparation, se glissa dans l'autre pièce et referma aussitôt le battant derrière lui. L'homme du bureau ne fit aucun commentaire. Finalement, son collègue revint et nous annonça que nous pouvions entrer.

La chambre sans fenêtre était fortement éclairée. J'aperçus quatre personnes et une profusion de cadrans, de machines et de fils. Par la suite, Jonathan m'expliquerait qu'il avait reconnu des cardiographes, des électro-encéphalographes et des sondes, et que chaque appareil était en double exemplaire.

L'une des personnes portait une blouse blanche. Elle se présenta : Tom Course, médecin. Une femme, également en blanc, se déplaçait au milieu des appareils. La troisième personne semblait n'être qu'un observateur qui garda le silence durant les dix minutes suivantes.

La quatrième était assise dans une sorte de fauteuil de dentiste et nous tournait le dos : Angelo.

Je ne voyais que le sommet de son crâne, couvert de bandages, et ses poignets sanglés aux accoudoirs du siège. De tous les points de son corps partaient des fils reliés aux appareils. En face de lui, un mur nu, très éclairé.

Le Dr Course était un jeune homme nerveux. Il m'adressa un regard interrogateur.

— Vous êtes prêt ? Allez vous placer devant lui. Dites quelque chose. Ce que vous voulez. Et ne revenez pas avant que je vous le demande.

Je ravalai ma salive. Ils attendaient tous, courtois, décidés, compatissants. Même Jonathan avait une expression apitoyée.

C'était intolérable.

Je contournai lentement les appareils et le fauteuil et, m'immobilisant en face d'Angelo, je le toisai.

Il était torse nu. Sous les bandages qui recouvraient son crâne, je remarquai une bande de métal argenté. Tout son épiderme luisait de graisse et une multitude d'électrodes étaient fixées à son cou, sa poitrine, ses bras et son abdomen. Les machines surveillaient la moindre de ses réactions.

Malgré ses deux semaines de coma, il avait l'air en parfaite santé. Toujours aussi fort, aussi impressionnant. Je pris une inspiration profonde et le fixai droit dans les yeux. C'est alors que je remarquai la différence. Son visage n'avait plus la même expression. Il était méconnaissable. Comme si le monstre qui l'habitait s'était assoupi.

Près de quatre semaines s'étaient écoulées depuis le jour du drame. Je redoutais cette rencontre. Je m'y étais préparé, mais je ne pus réprimer un sentiment de panique. Mon cœur battait si fort qu'il me semblait entendre résonner ses battements dans la pièce.

— Angelo, dis-je, la bouche sèche. Angelo, vous avez tiré sur moi.

Aucune réaction.

Il me fixait calmement. Lorsque je fis un pas de côté, ses yeux me suivirent. Lorsque je revins au centre, il me regardait toujours.

— Je suis... William Derry. Je vous ai donné... la méthode de Liam O'Rorke.

J'avais parlé distinctement, tout en essayant de contrôler ma respiration.

Angelo n'eut aucune réaction.

— Si vous n'aviez pas tiré sur moi... vous seriez libre... et riche.

Jonathan vint se placer à côté de moi ; après un moment, le regard d'Angelo se porta sur lui.

— Salut, Angelo. Je suis Jonathan. Vous vous souvenez de moi ? William vous a dit que j'étais mort, mais il a menti.

Angelo continua de garder le silence.

— Vous vous souvenez ? Je me suis moqué de vous...

Le silence. Ni fureur. Ni ricanement. Ni menace.

— Merci, dit le médecin. Cela devrait suffire.

Angelo le regarda.

— Qui êtes-vous ? demanda-t-il.

— Le Dr Course. Nous avons discuté. Tout à l'heure, pendant que nous vous mettions les électrodes.

Angelo ne fit aucun commentaire, mais se tourna vers moi.

— Et vous, qui êtes-vous ?

— William Derry.

— Je ne vous connais pas.

— Non.

Sa voix était toujours grave, dernier vestige de sa personnalité.

— Nous allons enlever tous ces fils qui vous gênent, dit le Dr Course. Vous allez être soulagé d'en être débarrassé.

— Qui êtes-vous, déjà ? redemanda Angelo en fronçant les sourcils.

— Le Dr Course.

— Qui ?

— C'est sans importance. Nous allons enlever tous ces fils.

— Est-ce que je peux avoir du thé ?

Le médecin laissa à une assistante le soin d'ôter les électrodes et nous conduisit vers les appareils, afin de prendre connaissance des résultats de l'expérience. Je notai que l'observateur les examinait attentivement. Course ne leur prêta guère attention.

— Et voilà, dit-il en nous présentant une bande de papier longue d'un mètre. Pas un tremblement. Nous l'avons stabilisé une heure avant votre arrivée. Respiration, pouls, tout est régulier, vous voyez. Pas d'interruptions, pas d'intrusions, pas de bruit. Ce point, c'est l'instant auquel il vous a vu. Et, comme vous pouvez le constater, rien n'a changé. Voici le relevé de la température de son épiderme. Elle s'élève toujours, quand on ment. Et ici...

Il se dirigea vers un autre appareil.

— Les pulsations cardiaques sont restées identiques. Et ici... l'activité cérébrale, une modification négligeable. Il vous haïssait. S'il vous avait reconnus, nous aurions assisté à de violentes réactions.

Je pensai à mes propres réactions, qui n'avaient pas été enregistrées.

— Son état ne s'améliorera pas ? s'inquiéta Jonathan.

— Je ne pense pas. C'est du moins mon opinion. Voyez-vous, les chirurgiens ont retiré des fragments d'os de son cerveau. Un travail irréprochable, je dois le préciser. Mais voilà le résultat : aucun souvenir. De nombreuses fonctions endommagées. Cet homme peut manger, parler, marcher. Il vivra longtemps. Mais il ne peut se souvenir d'une chose pendant plus d'un quart d'heure, parfois moins. Il vit au présent. La mémoire est une faculté dont la perte n'est pas rare après de graves lésions cérébrales. Dans son cas, il subsistait des doutes. De la part des policiers, pas de la mienne. Ils soupçonnaient le patient de simuler l'amnésie pour rester à l'hôpital et éviter la prison.

Le médecin désigna les appareils d'un geste de la main.

— Mais il n'aurait pu fausser les résultats d'aujourd'hui. Concluants. Voilà qui règle la question. Cette expérience était la raison de votre présence ici.

Pendant ce temps, l'assistante avait retiré la bande argentée du front d'Angelo et les sangles de ses poignets. Elle essuyait son épiderme à l'aide de tampons.

— Qui êtes-vous ? réitéra Angelo.

— Une amie.

Je voulus m'informer.

— Où allez-vous l'envoyer ?

Tom Course haussa les épaules.

— Ce n'est pas à moi de décider. Je conseillerais la prudence, mais je ne suis pas juge d'instruction et mon avis ne comptera guère.

Sa remarque était de toute évidence destinée à l'observateur qui resta impassible.

— Risque-t-il de redevenir violent ?

Tom Course m'adressa un regard oblique.

— Je ne peux pas vous répondre. Peut-être. Oui, peut-être. Il semble inoffensif. Il ne haïra plus jamais personne, ses souvenirs sont trop brefs pour cela. Mais sur une impulsion... Disons que je ne lui tournerais pas le dos, si je me trouvais seul avec lui.

— Jamais ?

— Quel âge a-t-il ? Quarante ans ?

Il fit une moue.

— Pas pendant les dix prochaines années. Vingt, peut-être. On ne peut pas savoir.

— Aussi imprévisible que la foudre ?

— Exactement.

L'assistante avait fini d'essuyer la graisse et tendait une chemise grise à Angelo.

— Avons-nous bu notre thé ? lui demanda-t-il.

— Pas encore.

— J'ai soif.

— Vous aurez bientôt votre thé.

Je m'adressai à Tom Course :

— Son père était dans le couloir... Angelo l'a-t-il vu ?

— Oui. Aucune réaction. Rien sur les appareils. Tests concluants. Tous. Ils peuvent cesser d'épiloguer.

Il avait ajouté ces dernières paroles à l'attention de l'observateur.

Angelo se leva. Bien qu'en excellente forme

physique, il tâtonnait pour boutonner sa chemise, privé d'une bonne coordination de ses mouvements. Il regarda autour de lui, comme s'il ignorait ce qu'il devait faire ensuite.

Ses yeux se portèrent sur Jonathan et sur moi.

— Salut, dit-il.

Les portes extérieures s'ouvrirent, livrant passage à deux infirmiers et à un policier qui s'informa :

— Est-il prêt ?

— Il est à vous.

— Alors, en route.

Il referma une menotte sur le poignet gauche d'Angelo et l'autre sur le sien.

Angelo ne parut pas s'en formaliser. Il me regarda une dernière fois avec indifférence, puis se dirigea vers la porte.

Diminué, privé d'agressivité, docile. Il insista :

— Où est mon thé ?

ACHEVÉ D'IMPRIMER SUR LES PRESSES
DE COX & WYMAN LTD. (ANGLETERRE)

Dépôt légal : mars 1994
N° d'édition : 2365
Imprimé en Angleterre